新型元启发式算法及其应用

赵卫国　王利英　宿　辉　著

科学出版社

北　京

内 容 简 介

本书结合作者近几年的研究成果，主要介绍人工蜂鸟算法和蝠鲼觅食优化算法的提出、改进及其工程应用，内容包括：人工蜂鸟算法，包括算法提出的灵感、步骤、数学模型、性能测试及其工程应用等；人工蜂鸟算法的改进及其工程应用，从运用切比雪夫混沌映射进行初始化来提高求解的精度和引导觅食时加入莱维飞行，使得算法避免过早收敛和具有良好的稳定性两个方面对人工蜂鸟算法进行改进，改进后的算法应用在抽水蓄能机组调节系统非线性模型参数辨识中，并取得了比较好的效果；蝠鲼觅食优化算法，包括算法提出启发、步骤、数学模型、性能测试及其工程应用等；蝠鲼觅食优化算法的改进及其工程应用，采用精英反向学习算法优化初始种群、在链式觅食处采用自适应 t 分布代替链式因子优化个体在链式觅食点的更新策略等对蝠鲼觅食优化算法进行改进，采用改进的蝠鲼觅食优化算法对混流式水轮机尾水管压力脉动特征进行了有效识别。

本书可供从事计算机科学与技术、水利工程工作的技术人员使用，也可作为大专院校相关专业研究生、教师参考书。

图书在版编目(CIP)数据

新型元启发式算法及其应用／赵卫国，王利英，宿辉著．—北京：科学出版社，2024. 5

ISBN 978-7-03-064205-9

Ⅰ. ①新… Ⅱ. ①赵… ②王… ③宿… Ⅲ. ①最优化算法 Ⅳ. ①O242. 23

中国版本图书馆 CIP 数据核字（2020）第 024763 号

责任编辑：焦 健 崔慧娴／责任校对：何艳萍

责任印制：肖 兴／封面设计：焦 健 无极书装

科学出版社 出版

北京东黄城根北街 16 号

邮政编码：100717

http://www.sciencep.com

北京九州迅驰传媒文化有限公司印刷

科学出版社发行 各地新华书店经销

*

2024 年 5 月第 一 版 开本：787×1092 1/16

2025 年 1 月第二次印刷 印张：8

字数：190 000

定价：98. 00 元

（如有印装质量问题，我社负责调换）

前　言

在我们的日常工作和生活中，优化问题无处不在，优化可以显著提高解决问题的效率，减少相关的计算成本和费用。目前已经提出很多的优化算法，根据“无免费午餐优化定理”，理论上不存在能够很好地解决各种优化问题的算法。因此，这一定理鼓励我们从不同方面提出新的、更高效的仿生优化算法。

水力发电是可再生能源中发电技术最成熟、稳定的一种发电技术。水轮机是水力发电中的核心设备，它对发电效率和电站的安全运行具有非常重要的作用。本书以水轮机为研究对象，采用提出的智能优化算法对水轮机调节系统的参数和尾水管的压力脉动信号进行有效识别，以提高电站的稳定性。

作者多年来一直从事智能优化算法和水力机械稳定方面的研究，并取得了一些成果，本书是在这些研究成果的基础上编写而成的。全书共五章，第一章由宿辉编写，其他四章由王利英和赵卫国编写。参与编写的还有刘茜媛、张路遥、曹庆皎等研究生，正是他们多年来的合作和辛苦付出，本书才编写成功，在此向他们表示感谢。

本书在编写过程中得到了河北工程大学水利水电学院领导和同事们的支持，也得到了其他高校有关老师的帮助；在编辑、修改和出版过程中得到了科学出版社的大力支持和帮助；书中参考或者局部引用了所列参考文献中的内容。在此一并表示敬意和感谢。

限于作者的学识水平，书中不妥之处在所难免，恳请读者批评指正，联系邮箱为2000wangly@163. com。

作　者

2023 年 8 月

目　　录

第1章 绪 论

1.1 优化算法

在我们的日常工作和生活中，优化问题无处不在。优化指针对给定问题，在一定的条件下在众多解决方案中找到最优解或一种可接受的近似解。随着新技术的快速发展，许多优化问题在各种工程领域中表现得越来越普遍和复杂，这些领域包括图像处理、人工智能、水文建模、生产调度、自动控制、航空航天、生物医学、材料生产、医疗保健、模式识别、机械工程、交通运输等。优化可以显著提高问题解决的效率，减少相关的计算成本和费用。

优化方法一般分为：数学方法和元启发式算法。数学方法是根据已经建立的数学模型和初始条件的迭代来寻找最优解，包括梯度下降法、Hooke-Jeeves 算法、拉格朗日乘子法、牛顿法等。当问题简单且解空间的维数较小时，利用传统的数学方法可以有效地找到最优解。然而，在实际应用中会存在许多大规模、非线性和多峰的复杂优化问题。数学方法通常依赖于给定问题的梯度信息并且需要给定一定的初值条件。然而，数学方法常常对初始值比较敏感，尤其对于复杂的问题，找到最优解是具有挑战性的，很容易陷入局部最优解。因此，使用数学方法解决复杂的优化问题将有很大的局限性。

元启发式算法是一种高效的、通用的优化算法，它通过启发式方法搜索解空间来寻找最佳解决方案，通过基于启发式方法的搜索和学习策略来寻找最优解或者最优近似解。这些算法借鉴自然现象、社会行为和物理过程等建立数学模型进行寻优。元启发式算法具有以下特点（Holland，1992）。

（1）简单性：这些元启发式算法具有从自然界中获得的基本理论或数学模型，通常都很简单，并很容易被人们理解且易于实现。这种易用性使得人们可以很容易地用元启发式算法来解决实际工作问题。

（2）黑盒性：这些优化技术可以被看成是黑盒，即给定一个问题，它能够针对一组输入提供一组输出，并且人们可以轻松修改这些方法的结构和参数，以获得满意的解决方案。

（3）随机性：是元启发式算法最重要的本质特征之一。元启发式算法在数学建模时，通常会使用一些随机策略或函数，以便能够探索整个搜索空间，并有效地避免落入局部最优解。这个特点使得许多元启发式算法能成功地解决具有未知搜索空间或多个局部最优解的问题。

（4）通用性：元启发式算法不依赖于某种特定的优化问题或目标函数，并且超出了传统优化技术的限制，例如线性、连续、多目标性、可微分等约束。因此，元启发式算法适用于各种不同类型的优化问题，包括非线性问题、不可微分问题或存在许多局部极小值的复杂数学问题。

元启发式算法可以根据其启发式机制分为五种主要类型：基于进化的算法、基于种群的算法、基于物理/化学的算法、基于人类的算法、基于数学的算法，以及其他算法。图1-1描述了优化算法的分类及相应类别的典型优化算法。

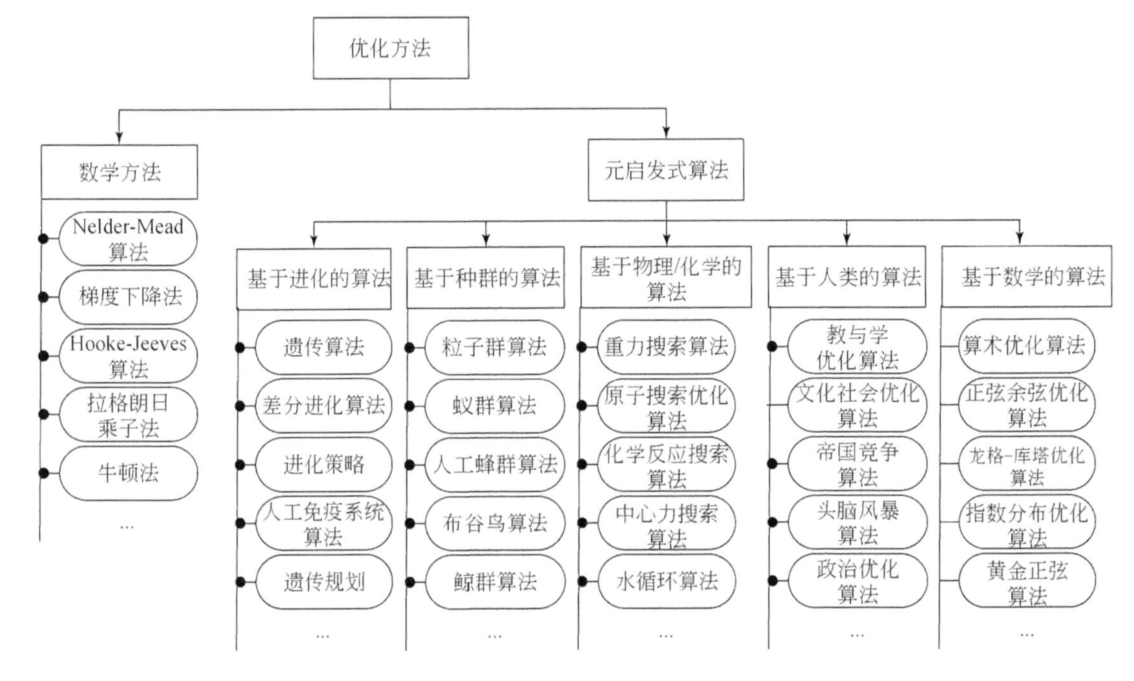

图1-1 优化算法的分类

基于进化的算法是最早发展的元启发式算法之一，它们受到自然选择、遗传等生物进化机制的启发。这些算法通常先随机创建一组候选解，并不断使用某些进化算子以生成新的候选解。其中最优秀的基于进化的算法之一是遗传算法（GA）（Koza，1992），它模拟了达尔文的自然选择过程：先随机创建了一个候选种群，并使用多个遗传算子，包括选择、变异和重组，以生成新的候选解种群；然后评估每个候选解的适应度，并选择适应度最高的解作为下一代的种群。其他基于进化的算法有：自组织迁移算法（SOMA）（Zelinka，2016）、人工免疫系统（AIS）算法（Castro and Timmis，2003）、生态系统算法（ESA）（Merheb et al.，2021）、文化算法（CA）（Reynolds，1994）、细菌觅食优化（BFO）算法（Das et al.，2009）、人工藻类算法（AAA）（Uymaz et al.，2015）等。

基于种群的算法是一类发展最快的元启发式算法，这些说法源于自然界中生物种群的社会行为，包括动物、植物和微生物等。一些经典的种群算法对优化领域产生了深远的影响。粒子群优化（PSO）算法（Kennedy and Eberhart，1995）是一种著名的种群算法，它模拟了鸟和鱼等生物群体在寻找食物或者栖息地时的集体行为。粒子群优化算法将每个粒子随机放置在搜索空间内，然后每个粒子通过计算自身与全局最优解之间的距离和速度来更新自己的位置和速度，不断重复这个过程，直到达到最佳解或满足停止准则。在搜索过程中，每个粒子都可以感知到自身及其邻居的最优解，这种信息共享机制使得搜索效率得到改善。该算法由于具有收敛速度快、易于实现等特点，在求解优化问题时得到了广泛应用。

基于物理/化学的算法是新发展起来的一类元启发算法，它们主要受到物理模型和化学反应原理的启发。这些物理模型通常包括各种物理规律、过程、现象、概念和运动，涉及力学、热学、电磁学、光学和原子物理等方面。化学反应原理主要包括化学动力学和热力学。引力搜索算法（GSA）（Rashedi，2009）是一种典型的受物理现象启发的说法，它模拟了天体间相互引力的作用方式，其中天体种群按照万有引力定律相互吸引移动，而重量更大的天体具有更好地吸引其他天体的能力，在引力作用下，天体在搜索空间中被吸引，形成最优解的聚集区域。这种算法可以通过逐渐减少天体的数量来平衡局部搜索和全局搜索的能力，从而提高收敛速度和全局优化能力。原子搜索优化（ASO）算法（Zhao，2019）是另一种受物理现象启发的算法，其灵感来源于原子在空间中的运动、相互作用以及化学键之间的相互作用。该算法将解空间视为原子组合体系，每个解被看成原子集合中的一个原子，并通过引入化学键的概念来描述解之间的相互作用。由此，可以使用分子动力学的原理来模拟搜索过程。该算法在处理离散和连续、多模态的优化问题方面具有一定的优势。

基于人类的算法的灵感主要来自与人类相关的行为、社会模型和文化，包括人类为解决问题和适应环境方面的思维或学习方式。比较著名的与人类相关的算法是教与学优化（TLBO）算法（Ghasemian et al.，2020），它的灵感来源于人类教师教学过程和学生学习过程。该算法通过模拟教师教学和学生之间的交互学习来实现优化，它包含两个阶段：教学阶段和学习阶段。在教学阶段，好个体作为老师对中、差个体进行指导，并通过随机修正改进其个体解。在学习阶段，个体之间相互学习和交流，每个个体都可以成为老师给其他学生传授自己的经验，同时作为学生向其他老师学习最佳解。TLBO 适用于不同类型的优化问题，并且在各种工程领域得到了广泛应用。

基于数学的算法是以某些与数学相关的函数、规则、公式或理论为基础发展起来的一类算法。算术优化算法（AOA）（Abualigah et al.，2021）是一种基于数学运算的元启发式优化算法。它利用数学中的加、减、乘、除等基本运算和自适应调节技术，对解空间进行搜索和优化。在算法执行的过程中，通过动态调整算子权重和算子种群控制策略，能够有效地平衡全局搜索和局部搜索之间的关系，以找到最优解。

大部分元启发式算法的优化过程可以分为两步：探索和开发。在探索过程中，算法倾向于在搜索空间中寻找远离当前峰值的更好解，通常具有全局性和广泛性。在算法的发展过程中，往往是通过对解的邻域进行搜索来增强目前找到的最优解，这似乎是一个局部而深入的搜索过程。显然，当这两个步骤共同解决问题时，探索和开发就会相互冲突。通常，在迭代的前半部分，探索占据主导地位，对整个变量空间进行更全局的搜索，跳出局部极值。在后续迭代中，利用支配位置在迄今找到的最优解周围搜索局部区域。一个成功的算法应该能够在探索步骤和利用步骤之间保持正确的平衡，从而缓解局部极端停滞和未成熟收敛的问题。因此，一个良好的元启发式算法需要合理地在探索和开发两个阶段之间建立平衡。通过适当调整探索和开发两个阶段的比例，可以加速算法的收敛速度，同时避免陷入局部最优解。

1.2　抽水蓄能机组调节系统非线性模型参数辨识

水力发电是可再生能源中发电技术最成熟、稳定的，而抽水蓄能电站是水力发电中最为特殊的水利设施。抽水蓄能电站集发电与储能于一体，是世界上规模最大、技术最为成熟的机械储能方式（Rehman，2015）。抽水蓄能电站具有启动停止迅速、工况转换灵活等特点，还具备并网发电、调频调相、削峰填谷、储能和事故备用等多种功能。这些功能可以有效地提升电网对间歇性能源的消纳能力和电力系统的传输效率，同时也能确保电网安全运行（于浩等，2021）。因此，抽水蓄能电站在电力系统中扮演着至关重要的角色。

研究抽水蓄能机组调节系统参数辨识的意义在于为系统精确建模提供理论方法和技术手段，并且它是一个复杂的时变非线性系统，同时也是一个非最小相位系统（李俊益和陈启卷，2018）。其精确模型的描述一直是相关研究的重点和难点。例如，调节器中存在着许多复杂的死区、限制等非线性（颜宁俊等，2019），给其准确描述带来了很大的难度。压力引水系统中的水击模型和水泵水轮机的非线性模型都是复杂的模型。其中，压力引水系统中的水击模型分为刚性水击模型和弹性水击模型两种形式，而水泵水轮机的非线性模型通常由水泵水轮机全特性曲线来获取，这种模型的建立非常困难。随着电站的长期运行，系统中一些关键的参数可能会发生偏移，运用参数辨识的方法，与实际系统的输出数据构建抽水蓄能参数辨识的一体化框架，获得当前的精确参数，对后续研究具有重要的科学意义和工程应用价值。

在欧美等发达国家，抽水蓄能电站的调节系统建模发展较为成熟。这些国家的研究人员通过建立不同类型抽水蓄能电站的模型，对其调节系统进行了深入研究。以日本为例，1994 年，日本研究人员提出了一种针对大型抽水蓄能电站的模型，该模型采用了非线性的微分方程，并考虑了水头的变化、水量的流动以及机组调节等因素，从而对电站的调度进行优化。在欧美的研究中，研究人员也在对不同类型抽水蓄能电站进行建模的基础上，采用了基于最优化的方法，优化了电站的调度策略，从而提高了电站的经济性和效益。除了建模和调度优化，欧美的研究机构也在进行抽水蓄能机组调节系统辨识研究，研究重点包括抽水蓄能机组的建模、控制策略和优化方法等。此外，研究机构也开始关注抽水蓄能机组与智能电网的协同控制问题，以提高抽水蓄能机组的灵活性和可靠性。总之，国际上形成了一个较为成熟的抽水蓄能机组调节系统研究体系，该体系具有广泛的应用前景。

我国在抽水蓄能机组调节系统建模方面的研究起步较晚，但在近年来也取得了较为明显的进展。我国研究人员对抽水蓄能机组的调节系统进行深入研究，并建立了相应的模型，例如采用 MATLAB/Simulink 进行数值仿真的方法，对抽水蓄能机组的调节系统进行建模、仿真和参数辨识，优化其性能，提高了机组的调节系统响应速度和稳定性。这些成果对于抽水蓄能机组的安全运行和电网的稳定性具有重要意义（Kong et al.，2017）。

为了搭建系统模型，参数辨识是一种重要的理论方法，可根据对待辨识系统机制的了解程度，将模型分为白箱模型、黑箱模型和灰箱模型（王晓东和张丹瑞，2022）。白箱模型内部规律清晰，可通过测量确定模型参数，而黑箱模型则是一些内部规律不为人所知的现象，只能通过实验获取系统的输入输出数据。灰箱模型则是一些内部规律尚不十分清楚的系统（许颜贺，2017），需要进行辨识，以建立和改善模型。对抽水蓄能机组调节系统的建模研究已取得了一定成果，但某些模型参数仍不能满足优化控制研究对实时状态的需求。因此，灰箱模型辨识是解决此类系统辨识问题的有效手段。

获取动态系统的模型和结构参数是现代控制理论的基础，而系统辨识是对动态系统进行状态估计并获取其模型的有效手段。在学术界，对系统辨识的定义存在不同的观点，其中两种观点分别由美国学者 L. A. Zadeh 和瑞典学者 L. Ljung 提出（Ljung and Ieee，1978）。L. A. Zadeh 认为，系统辨识是在给定一类模型和输入输出数据的基础上，确定一个与待辨识系统等价的模型；而 L. Ljung 则认为，系统辨识是基于一个准则，在一组给定的模型中确定一个最能与系统输出数据拟合的模型。

在抽水蓄能机组调节系统的建模研究中，由于实际机组和调速器特性及其工作条件的多样性，通常难以由其基本工作原理直接推导出准确的模型参数，从而难以建立在电力系统或机组调节系统性能评价中可实际使用的完整系统仿真模型。为解决这一问题，可以采用多种基于试验的方法，其中公认最有效、最完善的方法当属在控制领域广泛使用的系统辨识方法。

系统辨识是一种基于系统的输入输出时间函数确定描述系统行为的数学模型的方法（Skripkin，et al.，2019），它包括结构辨识和参数辨识两个基本环节。对于抽水蓄能机组调节系统这样复杂的动态系统，采用机制分析法可以确定其数学模型的结构，即确定其系统的动态方程。但由于系统本身的复杂性以及受到外界干扰等因素的影响，所得到的机制模型的参数并不完全准确，需要通过参数辨识方法来进一步优化和精确化。参数辨识是为了获取精准的模型和参数值，是系统精准建模的重要组成部分之一。因此，对于抽水蓄能机组调节系统的参数辨识研究非常重要。在该领域，专家和学者围绕辨识方法展开了研究，并取得了不错的效果。目前主要的参数辨识方法包括最小二乘法、基于神经网络的系统辨识和基于智能优化算法的参数辨识。这些方法的应用为抽水蓄能机组调节系统的建模和控制提供了有力的技术支持。

近年来发展了基于元启发式算法的辨识方法，将参数辨识问题视为一个优化问题（崔庆佳等，2018），由于元启发算法是一种全局优化方法，他们可以通过优化实际系统和辨识系统之间的输出偏差建立目标函数来进行参数辨识，与传统的辨识方法相比，元启发式算法更适合于复杂系统的参数辨识，这些算法的辨识性能取决于它的优化能力。

1.3 尾水管压力脉动

随着湍流理论的不断完善和湍流模型的不断发展，基于计算流体力学的数值模拟和分析技术越来越受到人们的重视。目前，有许多学者利用湍流模型对水轮机压力脉动产生的原因和压力脉动在水轮机内部流动规律进行了深入的实证研究。Sonin 等（2016）研究了涡轮转轮输出处的速度分布对压力脉动的影响。Yang 等（2016）采用大涡模拟湍流模型和 Zwart-Gerber-Blemari 空化模型对混流式水轮机内的两相空化流动进行了模拟，发现不对称空化是螺旋涡的流场不均匀造成的。Tran 等（2019）利用 Zwart 传质模型和剪切应力传输（SST）模型预测了 Francis-99 尾水管内的空化特性，发现两种空化旋涡绳的流道空化现象是对称的，在采用分流叶片的时候，空化现象会明显改善。Minakov 等（2015）发现转轮后的涡绳是导致涡轮低频压力脉动的主要原因，而涡轮脉动的行为主要是由其动力学决定的。Goyal 等（2017）分析了混流式涡轮机中旋转涡流索的形成机制。桂中华等（2006）研究了弯曲尾水管内死水域、涡带和涡绳的不规则变化引起的非定常流动行为，通过对尾水管内非定常流动的模拟，预测了尾水管的周期性压力脉动。

Favrel 等（2014）对尾水管涡带在部分工况下的发展变化，以及压力脉动数值大小与弗劳德数之间的变化关系进行了研究。吴金荣等（2021）选择在部分大载荷条件下对尾水管中的流态进行了观测和实测，发现空穴系数越小，压力脉动振幅越大，涡带空腔直径越大，其低空化系数峰值可达能量状态下的十多倍。李怡心等（2019）通过用 SST k-ω 湍流模型和 Zwart 空化模型对模型水泵水轮机进行了定常计算，发现涡带形状与速度分布情况有关。从上面的方法可以看出，压力脉动的变化可以反映出水轮机的运行状态。

随着现代科学技术的发展，人工智能在现代生活中得到了广泛的应用。许多研究者结合人工智能对水轮机故障信息进行分析，从而判断水轮机的运行状态。神经网络不仅具有独特的非线性信息处理能力，还有超强的并行计算能力、全局思维能力以及自适应和自学习能力，具有广阔的应用前景。Luo 等（2020）提出了一种基于自适应的 fisher 深度卷积神经网络的识别方法，对滚动轴承进行故障诊断。Pang 等（2009）提出了一种基于小波神经网络的振动信号分析与故障诊断方法。Xie 等（2014）采用减法聚类和 k-原型算法对粒子群优化算法进行改进，建立了一种应用于水轮发电机组故障诊断的新型径向基函数（RBF）神经网络模型，仿真实验结果表明，该模型具有较好的分类准确率和稳定性。Lan 等（2021）利用果蝇算法-概率神经网络（FOA-PNN）算法对水轮机运行状态进行了预测。Ding 等（2010）提出了一种基于小波包变换、粗糙集理论和反向传播神经网络的电力机车牵引电机振动缺陷诊断新方法。Qi 等（2017）提出了一种基于稀疏深度神经网络（DNN）的两层分层故障诊断网络，用来克服轴承故障类型分类和严重程度诊断的困难。赵勇飞（2005）将模糊逻辑系统和神经网络融合技术应用于水电机组故障诊断中。唐拥军等（2021）将小波-奇异值分解与 CNN 相结合对水电机组进行特征提取并对故障进行诊断。上述方法为神经网络在水轮机压力脉动分析和故障诊断等领域的应用提供了参考。

综上所述，压力脉动的变化可以反映出水轮机的运行状态，因此在故障诊断领域中能否准确分类或识别振动信号特征是关键。高精度的信号特征分类或识别技术能够快速、准确地定位出故障点。

第2章　人工蜂鸟算法的提出及其工程应用

本章介绍了一种新的仿生优化算法——人工蜂鸟算法（artificial hummingbird algorithm，AHA）（Zhao et al.，2022）。该算法的灵感来源于蜂鸟的特殊飞行技能、觅食策略及其记忆能力，模拟了三种蜂鸟的三种飞行模式，即轴向飞行、对角飞行和全向飞行。三种觅食策略包括访问目标食物源、寻找新的食物源和迁徙。此外，还引入了一个重要的组件，即访问列表，来实现了蜂鸟寻找和选择食物源的记忆功能。

2.1　人工蜂鸟算法

蜂鸟是世界上已知最小的鸟，它每天会吃大量的花蜜和花内的甜味汁液。蜂鸟的大脑中有一个海马体，在学习和记忆中起着至关重要的作用。由于蜂鸟的海马体比迄今为止发现过的任何鸟类的都要大得多，因此，蜂鸟有惊人的记忆力（Bateson et al.，2003）。每只蜂鸟每天都能记住其领地内花朵的具体信息，包括位置、花蜜质量和含量（Henderson et al.，2006）、花蜜补充率（Friedman，1937）以及最后一次访问花朵的时间。蜂鸟因为有了这项独特的技能而成为自然界最高效的觅食者之一。图2-1是一只正在觅食的蜂鸟。

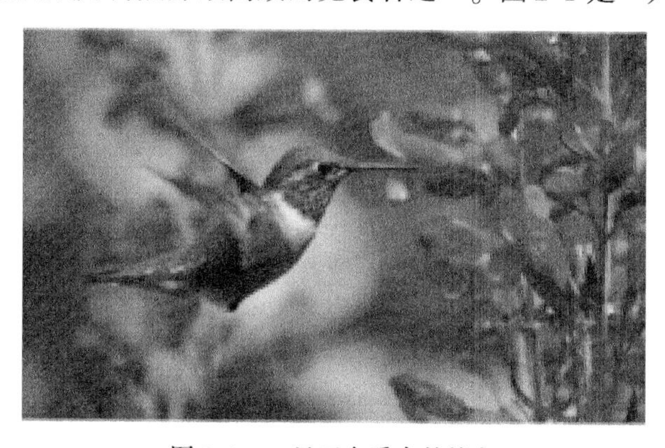

图2-1　一只正在觅食的蜂鸟

蜂鸟的另一项特殊技能是超群的飞行能力。微小的身体和翅膀的高频扇动使它们成为鸟类中最好的飞行者。蜂鸟具有灵活的肩关节，它可以将翅膀旋转180°，并保持翅膀以8字形运动。蜂鸟被认为是鸟类世界的直升机，它可以以不同的姿态飞行，包括向前或向后、向上或向下、向左或向右，精确地向任何方向飞行。另外，斜飞也是蜂鸟独一无二的飞行姿势，在寻找食物时，它们可以在食物周围长时间盘旋。蜂鸟还有很强的迁徙倾向，当天气恶劣或食物短缺时，它们通常会飞行数千英里①，迁移到其他地区。

---

① 1英里≈1.609344km。

人工蜂鸟算法的三个主要组成部分如下。

(1) 食物源：为了从一组食物源中选择合适的食物源，蜂鸟通常评估食物源的性质，包括食物源中各个花朵的花蜜质量和含量、花蜜再填充速率以及上次访问花朵的时间。假设每个食物源具有相同数量和相同类型的花朵，食物源的花蜜再填充速率用适应度函数表示。适应度值越好，食物源的花蜜再填充速率就越高。

(2) 蜂鸟：每只蜂鸟总是被指派到一个特定的食物源中以供其进食。蜂鸟能够记住这个特定食物源的位置和花蜜补充速率，并与种群中的其他蜂鸟共享这些信息。此外，每只蜂鸟还可以记住其他每个食物源多久没有被自己访问过，而这些信息并不与其他蜂鸟共享。

(3) 访问列表：访问列表记录了不同蜂鸟对每个食物源的访问级别。访问级别表示同一蜂鸟没有访问某个食物源的时间长度。对于每一只蜂鸟来讲，在不包括自己所在食物源的其他食物源中，访问级别高的将会成为其优先访问对象。因此，每只蜂鸟可以通过访问列表轻松找到其目标食物源，访问列表通常在每次迭代后更新。

人工蜂鸟算法模拟了蜂鸟的三种觅食行为：引导觅食、领地觅食以及迁徙觅食。三种觅食行为如图 2-2 所示。

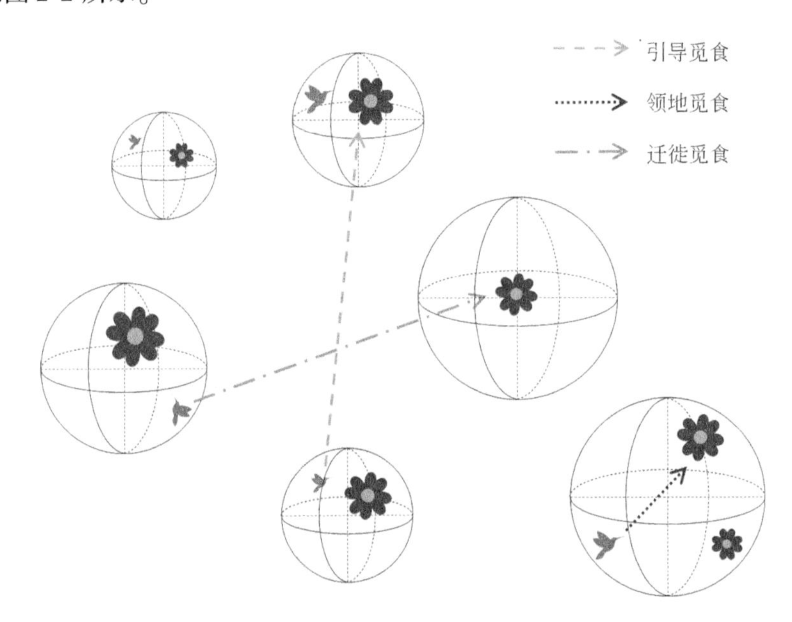

图 2-2　人工蜂鸟算法的三种觅食行为

与大多数仿生优化算法类似，该算法的结构可以分为三个主要步骤。

2.1.1　初始化

将 n 只蜂鸟放置在 n 个食物源上，这些食物源被随机初始化为

$$x_i = \mathrm{Low} + \boldsymbol{r} \cdot (\mathrm{Up} - \mathrm{Low}), \quad i = 1, \cdots, n \tag{2-1}$$

其中，Low 和 Up 是 d 维的下限和上限；x_i 是第 i 个食物源的位置；$\boldsymbol{r}$ 是位于 (0, 1) 内的 d 维随机向量。

食物源的访问列表初始化为

$$VT_{i,j}=\begin{cases}0, & i\neq j\\ \text{null}, & i=j\end{cases},\quad i=1,\cdots,n;\ j=1,\cdots,n \tag{2-2}$$

当 $i=j$ 时，$VT_{i,j}=\text{null}$，表示蜂鸟正在其所在的食物源觅食；当 $i\neq j$ 时，$VT_{i,j}=0$，表示第 i 只蜂鸟刚刚访问了第 j 个食物源。

2.1.2　引导觅食

每只蜂鸟倾向于访问具有最高花蜜补充率且较长时间未被该蜂鸟访问的食物源。当这样的目标食物源确定后，蜂鸟就向其飞行并进行取食。在觅食过程中，蜂鸟采用了三种飞行行为，包括轴向飞行、对角飞行及全向飞行，如图 2-3 所示。

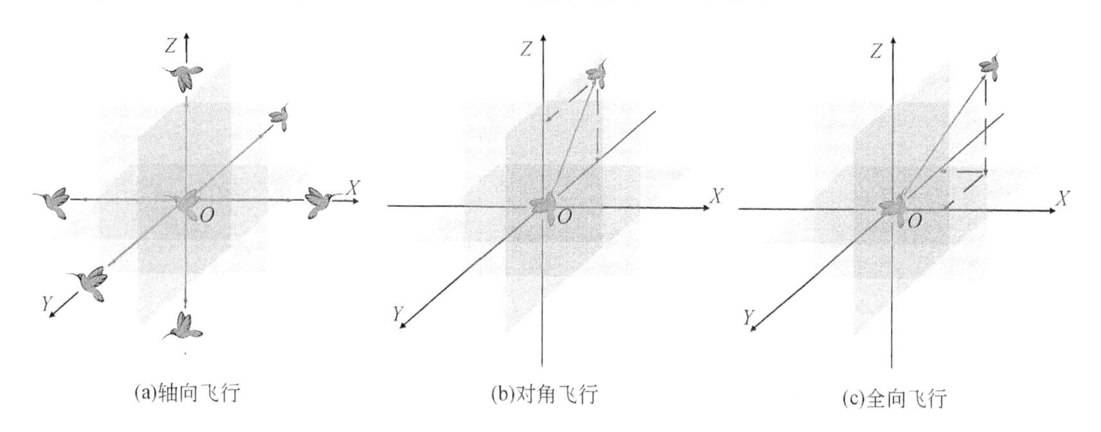

图 2-3　蜂鸟的三种飞行行为

轴向飞行定义为

$$D^{(i)}=\begin{cases}1, & i=\text{ramdi}([1,d])\\ 0, & 其他\end{cases},\quad i=1,\cdots,d \tag{2-3}$$

对角飞行定义为

$$D^{(i)}=\begin{cases}1, & i=P(j),j\in[1,k],P=\text{randperm}(k),\\ & k\in[2,\text{randi}(\lceil r\cdot(d-2)\rceil+1)],\quad i=1,\cdots,d\\ 0, & 其他\end{cases} \tag{2-4}$$

全向飞行定义为

$$D^{(i)}=1,\quad i=1,\cdots,d \tag{2-5}$$

其中，randi（[1，d]）指生成 1 到 d 之间的随机整数；randperm(k) 指生成 1 到 k 之间整数的随机排列。借助这些飞行行为，蜂鸟会访问其目标食物源，进而生成新的食物源。新的候选食物源可以表示为

$$v_i(t+1)=x_{\text{itar}}(t)+D\cdot a\cdot[x_i(t)-x_{\text{itar}}(t)] \tag{2-6}$$

其中，a 是一个权重向量，符合均值为 0、标准差为 1 的正态分布。

第 i 个食物源的位置更新如下：

$$x_i(t+1)=\begin{cases}x_i(t), & f(x_i(t))\leqslant f(v_i(t+1))\\ v_i(t+1), & f(x_i(t))>f(v_i(t+1))\end{cases} \tag{2-7}$$

其中，$f(\cdot)$ 表示适应度函数，如果候选食物源的花蜜补充率比当前的好，则蜂鸟放弃当前的食物源，并留在由式（2-6）生成的候选食物源上。

在人工蜂鸟算法中，访问列表是存储食物源访问信息的重要组成部分。在每次迭代中，每个蜂鸟都可以根据访问表找到想要访问的目标食物源。访问列表记录了每个食物源未被蜂鸟访问的时间长度，访问级别越高表示该食物源未被蜂鸟访问的时间越长。每个蜂鸟都需要选择具有最高访问级别的食物源。如果有多个食物源具有相同的最高访问级别，蜂鸟将在其中选择具有最佳花蜜补充率的食物源作为其访问的目标食物源。在迭代过程中，如果没有获得具有更好的花蜜补充率的食物源，蜂鸟不会改变其原有食物源的位置，然后其他目标源的访问级别加 1。如果获得具有更好的花蜜补充率的食物源，当前的食物源就会被新的食物源取代，蜂鸟会留在新的食物源上。该蜂鸟所在食物源的更新，也意味着该食物源对所有其他蜂鸟的访问级别的更新，因此，该蜂鸟所对应的食物源对于每个蜂鸟来说访问级别最高，因而设置为对应的所有食物源中最高级别加 1，而已访问的目标食物源的访问级别被初始化为 0。

图 2-4 为一个由六个食物源和六只蜂鸟组成的访问列表，访问列表中的数字表示访问级别，表示蜂鸟多长时间没有访问该食物源。例如，粗体数字“8”表示蜂鸟 x_2 已经 8 个时间段没有访问食物源 x_5。

		食物源					
		x_1	x_2	x_3	x_4	x_5	x_6
蜂鸟	x_1	—	3	5	6	4	3
	x_2	2	—	4	6	8	5
	x_3	6	6	—	3	2	7
	x_4	5	4	6	—	8	2
	x_5	3	3	7	7	—	3
	x_6	6	2	5	6	3	—

图 2-4　六只蜂鸟的访问列表

以一个最小化问题为例来说明如何维护访问列表以及为每只蜂鸟选择目标食物源的策略。

假设一个有四只蜂鸟的种群，首先使用式（2-1）初始化访问列表。第一只蜂鸟找到了三个访问级别相同的食物源，其中食物源 x_4 的花蜜补充率最高。因此，食物源 x_4 成为第一只蜂鸟的目标食物源。在执行式（2-6）和式（2-7）后，由于食物源 x_2 和 x_3 没有被蜂鸟 x_1 访问，因此，它们的访问级别需要增加 1，而目标食物源 x_4 的访问级别被初始化为 0。图 2-5（a）显示了第一只蜂鸟的访问级别更新和目标食物源选择。

第二只蜂鸟找到了三个访问级别相同的食物源，其中食物源 x_4 的花蜜补充率最高，因此，食物源 x_4 成为第二只蜂鸟的目标食物源。在执行式（2-6）和式（2-7）后，食物源 x_1 和 x_3 的访问级别增加 1，目标食物源 x_4 初始化为 0。因为候选食物源 v_2 的花蜜补充率优于食物源 x_2，食物源 x_2 被候选食物源 v_2 替换。因此，作为其他蜂鸟的食物源 x_2 的访问级别都赋予最高值，也就是每一行上的最高值增加 1。第二只蜂鸟的访问级别更新和目标食物源选择如图 2-5（b）所示。

对于第三只蜂鸟来说，食物源 x_2 由于访问级别最高，成为目标食物源。于是，目标食物源 x_2 的访问级别被初始化为 0，食物源 x_1 和 x_4 的访问级别增加 1。第三只蜂鸟的访问级别更新和目标食物源选择如图 2-5（c）所示。

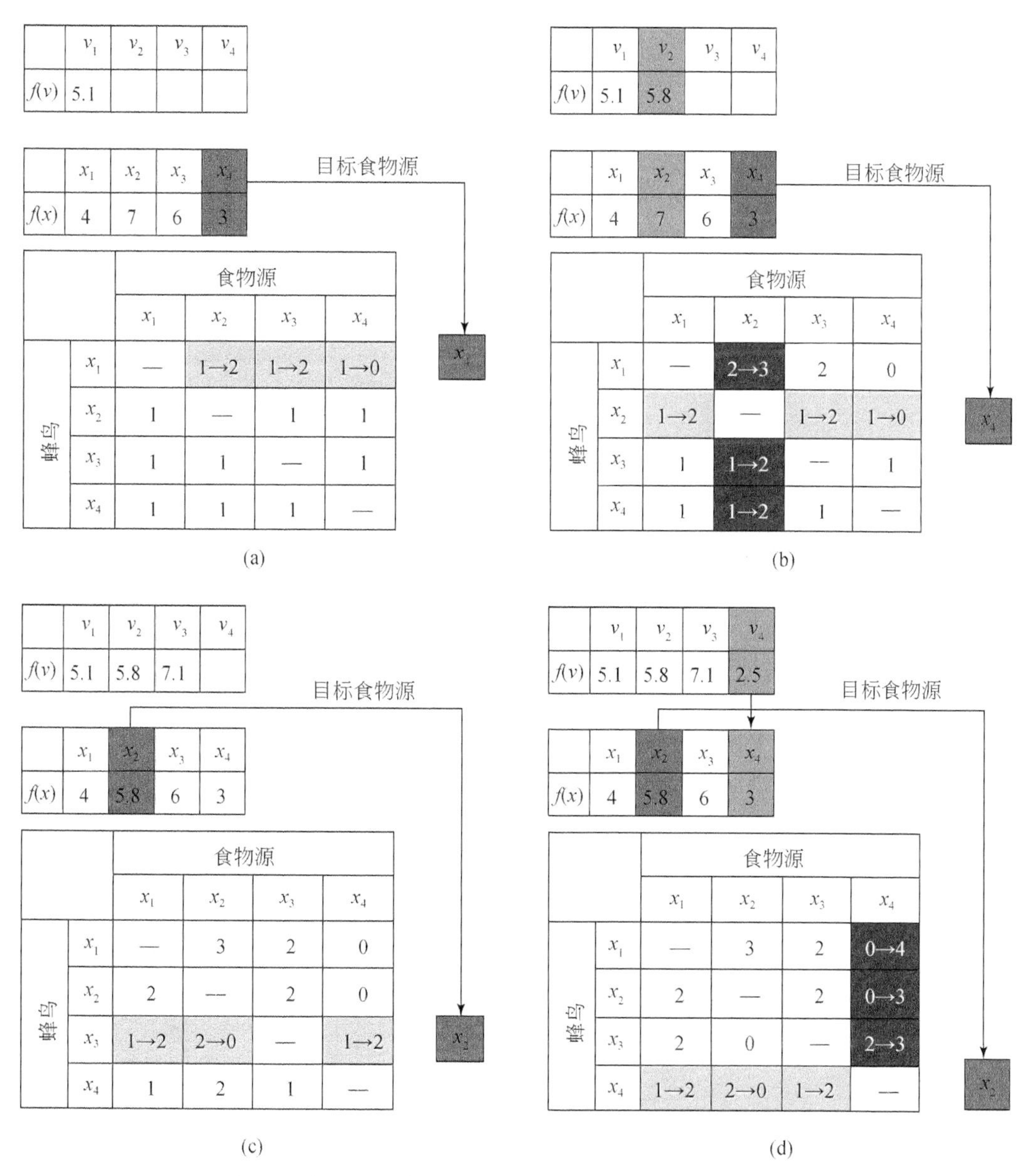

图 2-5　在一次迭代中访问列表的更新和目标食物源的选择

对于第四只蜂鸟来说，拥有最高访问水平的食物源 x_2 成为其目标食物源，所以将食物源 x_2 的访问水平初始化为0，并将食物源 x_1 和 x_3 的访问级别增加1。由于食物源 x_4 被其候选 v_4 替换，因此需要将其他蜂鸟的食物源 x_4 的访问级别都赋予最高值。第四只蜂鸟的访问级别更新和目标食物源选择如图2-5（d）所示。

经过一次迭代后的蜂鸟访问列表如图2-6所示。

	v_1	v_2	v_3	v_4
$f(v)$	5.1	5.8	7.1	2.5

	x_1	x_2	x_3	x_4
$f(x)$	4	5.8	6	2.5

		食物源			
		x_1	x_2	x_3	x_4
蜂鸟	x_1	—	3	2	4
	x_2	2	—	2	3
	x_3	2	0	—	3
	x_4	2	0	2	—

图2-6　经过一次迭代后的蜂鸟访问列表

2.1.3　领地觅食

在访问了其目标食物源之后，蜂鸟很可能会寻找新的食物源而不是访问现有的食物源。因此，蜂鸟可能会移动到其相邻的区域找到一个新的食物源作为候选食物源。蜂鸟在其领地内觅食可表示为

$$v_i(t+1)=x_i(t)+D\cdot b\cdot x_i(t) \tag{2-8}$$

$$b\sim N(0,1) \tag{2-9}$$

式（2-8）中，b 是一个符合标准正态分布的权重向量。利用该等式可以使任何一只蜂鸟通过其特殊的飞行行为在其领地内找到一个新的食物源，当新的食物源找到后，访问列表将被更新。

2.1.4　迁徙

当蜂鸟经常访问的区域出现食物短缺时，它们通常会迁移到更远的地方以获得食物。在实施迁徙行为时，该算法定义了一个迁移系数，如果迭代次数超过预定的迁移系数，找到花蜜补充率最差食物源的蜂鸟将迁移到在搜索空间中随机生成的新食物源。此时，该蜂鸟将放弃原有的食物源，然后访问列表将被更新。蜂鸟的迁徙行为可以表示为

$$x_{\text{wor}}(t+1)=\text{Low}+r\cdot(\text{Up}-\text{Low}),\quad i=1,\cdots,n \tag{2-10}$$

其中，x_{wor}为花蜜补充率最差的食物源。

迁移系数被定义为

$$M=2n \tag{2-11}$$

首先通过初始化一组随机解和访问列表，在每次迭代中，各有 50% 的概率执行访问目标食物源或搜索新食物源两种策略之一。在访问目标食物源时，允许蜂鸟朝着由访问列表和花蜜补充率确定的目标食物源移动。搜索新食物源会强制蜂鸟扰动自己的邻域。每隔 $2n$ 次迭代，进行一次迁移操作。所有操作和计算都是交互式进行，直到满足终止准则为止。最终，具有最佳花蜜补充率的食物源将作为全局最优解。

人工蜂鸟算法首先初始化一组随机解和一个访问表。在每次迭代中，分别有一半的概率执行引导觅食行为或领地觅食行为。引导觅食行为使蜂鸟向由访问表和花蜜补充速率确定的目标食物源移动；领地觅食行为使蜂鸟在其领地内搜索食物源。每 $2n$ 次迭代执行迁徙觅食行为。三种觅食行为都使用了全向、对角和轴向三种飞行技能。所有操作和计算都会交互式地进行，直到满足停止条件终止执行。最终，具有最佳花蜜补充速率的食物源被返回作为全局最优的近似值。人工蜂鸟算法的伪代码如图 2-7 所示。

```
输入:n, d, f, Max_Iteration, Low, Up
输出:Globalminimum, Globalminimizer
初始化:
  对于第i个蜂鸟(i=1,···,n)
     执行 x_i=Low+r(Up−Low),
     对于 第 j 个食物源( j=1,···,n), 执行
        如果 i≠j
        Visit_table_{i,j}=1,
        否则 Visit_table_{i,j}=null,
        结束
     结束
  结束
当 t≤Max_Iteration执行
  对于 第i个蜂鸟(i=1,···,n), 执行
    如果 rand≤0.5
      如果 r<1/3
      执行公式(2-3),否则
           如果 r>2/3
            执行公式(2-4),
           否则执行公式(2-5),
           结束
      结束
      执行公式(2-6),
      如果 f(v_i(t+1))<f(x_i(t))
      x_i(t+1)=v_i(t+1),
        对于第j个食物源( j=1,···,n, j≠tar , i), 执行
        Visit_table(i, j) =Visit_table(i, j) +1,
        结束
         Visit_table(i,tar)=0,
         对于第j个食物源(j=1,···,n),执行
Visit_table( j,i)=max(Visit_table( j,l)) +1,
                  l∈n and l≠j
         结束
    否则
        对于第j个食物源( j=1,···,n,j≠tar,i), 执行
        Visit_table(i,j)=Visit_table(i,j)+1,
        结束
          Visit_table(i,tar)=0,
      结束
   否则执行公式(2-8),
     如果f (v_i(t+1))<f (x_i(t))
     x_i(t+1)= v_i(t+1),
        对于第j个食物源( j=1,···,n, j≠i), 执行
        Visit_table(i, j)=Visit_table(i, j)+1,
        结束
        对于第j个食物源( j=1,···,n), 执行
        Visit_table( j,i) =max(Visit_table( j,l)) +1,
                         l∈n and l≠j
        结束
      否则
        对于第j个食物源( j=1,···,n, j≠i),执行
        Visit_table(i, j)=Visit_table(i, j)+1,
        结束
      结束
    结束
  结束
  如果 mod(t,2n)==0,
  执行公式(2-10),
    对于第j个食物源(j=1,···,n, j≠wor), 执行
    Visit_table(wor, j)=Visit_table(wor,j)+1,
    结束
    对于第j个食物源(j=1,···,n,), 执行
    Visit_table( j,wor) =max(Visit_table( j,l)) +1,
                        l∈n and l≠j
    结束
  结束
结束
```

图 2-7 人工蜂鸟算法的伪代码

2.2　算法的性能测试

在这个实验中，我们使用了附录 A 中描述的 50 个测试函数（Karaboga and Akay, 2009）。这个函数集包含了四种特征的函数：17 个单峰函数、33 个多峰函数、36 个不可分离函数和 14 个可分离函数。单峰函数只有一个局部极值点，而多峰函数则有多个局部极值点。多峰特性使得算法更容易陷入局部最优值。可分离特性表示函数的变量可以分解成每个变量的函数的乘积，而不可分离特性则由于变量之间的相互关系而无法分解。不可分离特性往往导致难以找到全局最优解。我们将人工蜂鸟算法与其他 11 种群体算法进行性能比较，包括布谷鸟搜索算法（CS）（Yang and Deb, 2009）、差分进化算法（DE）（Kaveh and Farhoudi, 2013）、PSO（Kennedy and Eberhart, 1995）、GSA（Rashedi, 2009）、人工蜂群算法（ABC）（Gupta et al., 2007）、TLBO（Rao et al., 2011）、协方差矩阵适应进化策略（CMA-ES）（Reddy et al., 2013）、基于历史成功记录的自适应 DE（SHADE）（Tanabe and Fukunaga, 2013）、鲸鱼优化算法（WOA）（Mirjalili and Lewis, 2016）、樽海鞘算法（SSA）（Mirjalili et al., 2017）和蝴蝶优化算法（BOA）（Arora and Singh, 2019）。对于所有考虑的优化器，种群大小和函数评估次数分别设为 50 和 50000，并且对每个函数运行 50 次。

在这个实验中，我们使用了两个评估指标来比较所有考虑的算法，即最优解的平均值（Mean）和方差（Std）。这些评估指标表示如下：

$$\text{Mean} = \frac{1}{R}\sum_{i=1}^{R} g_i^* \tag{2-12}$$

$$\text{Std} = \sqrt{\frac{1}{R}\left(g_i^* - \text{Mean}\right)^2} \tag{2-13}$$

其中，g_i^* 是第 i 次独立运行中获得的最优解；R 是独立运行的次数。很明显，这两个评估指标的值越小，算法提供的解就越稳定可靠。标准解（真值）是全局最优解，这意味着不存在其他具有更好目标函数值的可行解。对于一个最小化问题来说，标准解是在其函数值达到最小值时的可行解。可行解的函数值越小，可行解离标准解就越接近（Yang et al., 2020）。

表 2-1 ~ 表 2-3 为最优解的评估结果，其中人工蜂鸟算法提供了 37 个函数的最优解，并且对于其他函数也具有一定的竞争力。具体而言，在 50 个测试函数中，人工蜂鸟算法的平均解在 38 个函数中是最优的，DE 的平均解在 23 个函数中是最优的，SHADE 的平均解在 15 个函数中是最优的。此外，AHA、DE 和 SHADE 在一些函数（比如 F_{10}、F_{18}、F_{21}、F_{24}、F_{30}和 F_{32}）上提供了相同的平均最优解，而人工蜂鸟算法在许多函数（比如 F_3、F_4、F_5、F_9、F_{12}、F_{14}、F_{15}、F_{22}、F_{23}、F_{26}和 F_{41}）上明显优于 DE 和 SHADE。为了有效评估人工蜂鸟算法的整体性能，使用 Wilcoxon 符号秩检验进行更好的比较。根据每个算法的 50 次运行得到的 50 个函数的结果，Wilcoxon 符号秩检验可以检查在显著水平 $a=0.05$ 下人工蜂鸟算法是否优于其他竞争算法。

表 2-1　50 个测试函数的比较结果（$F_1 \sim F_{17}$）

函数	取值	AHA	PSO	TLBO	DE	CS	GSA	ABC	CMA-ES	SHADE	WOA	SSA	BOA
F_1	平均值	-5	-1.66667	-4.966667	-5	-5	-1.7	-5	-0.46667	-4.23333	-5	-3.66667	-2.00000
	方差	0	0.660895	0.182574	0	0	0.466092	0	1.33218	2.92060	0	0.71116	1.94759
F_2	平均值	0	0.066667	0	0.333333	36.3	0	4.966667	0	0	0	5.13333	0
	方差	0	0.253721	0	0.844183	10.299481	0	1.449931	0	0	0	2.93297	0
F_3	平均值	7.32×10^{-298}	9.89×10^{-8}	7.06×10^{-87}	3.38×10^{-14}	14.940417	2.23×10^{-17}	1.544734	8.13×10^{-10}	1.16×10^{-6}	2.48×10^{-208}	5.22×10^{-9}	2.94×10^{-13}
	方差	0	4.88×10^{-7}	1.02×10^{-86}	5.01×10^{-14}	3.954443	5.97×10^{-18}	0.515346	4.52×10^{-10}	4.88×10^{-7}	0	8.73×10^{-10}	9.63×10^{-14}
F_4	平均值	1.67×10^{-301}	3.10×10^{-10}	1.54×10^{-87}	5.82×10^{-15}	2.057293	1.71×10^{-16}	0.168377	1.43×10^{-10}	1.70×10^{-7}	3.01×10^{-205}	7.48×10^{-4}	1.46×10^{-12}
	方差	0	6.36×10^{-10}	1.87×10^{-87}	9.24×10^{-15}	0.588976	3.88×10^{-17}	0.041933	7.36×10^{-11}	6.76×10^{-8}	0	1.47×10^{-3}	4.62×10^{-13}
F_5	平均值	6.06×10^{-5}	0.0412457	0.001024	0.205309	0.077663	0.020635	0.150642	6.40×10^{-3}	1.26×10^{-1}	3.67×10^{-4}	1.31×10^{-2}	7.92×10^{-4}
	方差	4.83×10^{-5}	0.0171982	0.000296	0.0718789	0.019393	0.007119	0.039293	1.99×10^{-3}	4.07×10^{-2}	3.61×10^{-4}	5.21×10^{-3}	3.32×10^{-4}
F_6	平均值	0	0	0	0	1.36×10^{-17}	4.94×10^{-28}	1.85×10^{-14}	0	1.13×10^{-27}	1.71×10^{-14}	4.00×10^{-16}	1.47×10^{-5}
	方差	0	0	0	0	3.92×10^{-17}	1.90×10^{-27}	4.09×10^{-14}	0	4.30×10^{-27}	4.21×10^{-14}	3.48×10^{-16}	1.43×10^{-5}
F_7	平均值	-1	-1	-1	-1	-1	-0.96667	-1	-1	-0.20236	-1	-1	-0.99999
	方差	0	0	0	0	1.75×10^{-13}	0.182574	6.31×10^{-12}	0	0.40574	1.02×10^{-10}	2.30×10^{-13}	4.69×10^{-6}
F_8	平均值	7.66×10^{-260}	7.59×10^{-94}	9.91×10^{-135}	7.42×10^{-255}	5.50×10^{-25}	6.21×10^{-22}	1.01×10^{-9}	2.46×10^{-315}	8.29×10^{-45}	0	1.06×10^{-16}	4.19×10^{-21}
	方差	0	2.76×10^{-93}	3.53×10^{-134}	0	1.94×10^{-24}	6.62×10^{-22}	1.27×10^{-9}	0	1.19×10^{-44}	0	1.49×10^{-16}	4.54×10^{-21}
F_9	平均值	4.67×10^{-25}	0.007633	9.99×10^{-6}	3.84×10^{-6}	0.011912	0.697872	0.046235	5.81×10^{-24}	1.23×10^{-6}	0.15092	1.52×10^{-10}	9.11×10^{-2}
	方差	2.52×10^{-24}	0.006489	2.26×10^{-5}	2.10×10^{-5}	0.020386	0.933509	0.053505	3.18×10^{-24}	1.69×10^{-6}	0.1044647	2.06×10^{-10}	9.24×10^{-2}
F_{10}	平均值	-50	-50	-50	-50	-50	-50	-50	-50	-50	-50.00000	-50	-49.98911
	方差	6.53×10^{-14}	2.96×10^{-14}	2.47×10^{-14}	2.89×10^{-14}	2.67×10^{-10}	2.36×10^{-14}	1.73×10^{-5}	3.95×10^{-14}	5.72×10^{-14}	7.90×10^{-8}	3.94×10^{-12}	4.60×10^{-9}
F_{11}	平均值	-210	-209.9986	-210	-210	-209.999	-209.909	-206.2352	-210	-209.99999	-209.9998	-210	-205.2895
	方差	2.98×10^{-6}	0.0047104	1.47×10^{-5}	3.15×10^{-13}	0.000621	0.164415	1.851794	4.24×10^{-13}	9.38×10^{-6}	9.50×10^{-5}	1.53×10^{-10}	5.66890

续表

函数	取值	AHA	PSO	TLBO	DE	CS	GSA	ABC	CMA-ES	SHADE	WOA	SSA	BOA
F_{12}	平均值	1.78×10^{-269}	2.50×10^{-17}	1.09×10^{-51}	5.28×10^{-33}	2.98×10^{-3}	4.30×10^{-18}	0.137357	4.54887	1.86×10^{-6}	3.46×10^{-8}	6.71×10^{-12}	1.12×10^{-16}
	方差	0	6.22×10^{-17}	2.35×10^{-51}	7.02×10^{-33}	1.44×10^{-3}	1.76×10^{-18}	0.090162	11.90241	1.51×10^{-6}	1.26×10^{-7}	2.57×10^{-12}	5.04×10^{-17}
F_{13}	平均值	4.25×10^{-294}	2.33×10^{-3}	8.13×10^{-6}	0.000211	0.321206	0.005853	4.385384	2.16×10^{-3}	1.56×10^{-3}	2.25×10^{-7}	2.38×10^{-2}	5.80×10^{-18}
	方差	0	1.51×10^{-3}	1.74×10^{-5}	0.000148	0.126297	0.004561	2.310504	7.42×10^{-4}	8.84×10^{-4}	5.28×10^{-7}	1.08×10^{-2}	2.10×10^{-18}
F_{14}	平均值	8.99×10^{-156}	7.79×10^{-5}	9.40×10^{-44}	5.45×10^{-8}	19.332082	2.37×10^{-8}	3.40×10^{-2}	4.58×10^{-5}	1.01×10^{-3}	3.90×10^{-117}	0.16395	3.51×10^{-6}
	方差	3.87×10^{-155}	0.000139	6.87×10^{-44}	2.36×10^{-8}	4.292123	3.40×10^{-9}	6.27×10^{-3}	1.77×10^{-5}	2.77×10^{-4}	1.11×10^{-116}	0.33186	3.57×10^{-7}
F_{15}	平均值	2.96×10^{-278}	1078.0941	2.16×10^{-16}	7.526372	3102.901	271.9731	11540.79	0.33573	144.87304	977.52989	5.49×10^{-4}	1.64×10^{-13}
	方差	0	647.25346	6.13×10^{-16}	9.786907	582.7381	75.43658	1588.385	0.39314	29.23660	866.21494	8.73×10^{-4}	4.63×10^{-14}
F_{16}	平均值	25.065057	49.164576	23.377421	38.588551	784.6473	26.09923	8717.4121	25.95412	26.06047	25.15995	48.64191	28.66781
	方差	0.278139	30.081342	0.703925	23.616923	271.3126	0.201436	2787.6436	33.08219	0.32561	0.26770	48.27414	3.10×10^{-2}
F_{17}	平均值	0.666667	1.369245	0.666667	0.692593	9.670616	0.676004	66.23423	0.66667	0.66668	0.66667	0.73140	0.72472
	方差	8.50×10^{-17}	1.249854	1.11×10^{-14}	0.107241	2.772505	0.030038	22.11624	5.87×10^{-6}	1.03×10^{-5}	9.21×10^{-6}	0.10646747	1.36×10^{-2}

表 2-2　50 个测试函数的比较结果（$F_{18} \sim F_{34}$）

函数	取值	AHA	PSO	TLBO	DE	CS	GSA	ABC	CMA-ES	SHADE	WOA	SSA	BOA
F_{18}	平均值	0.998003	0.998003	0.998003	0.998003	0.998004	3.638354	0.998138	3.00695	0.998003	0.998003	0.998003	0.998003
	方差	0	0	0	0	2.19×10^{-15}	2.217956	0.000561	2.48730	0	1.36×10^{-13}	1.82×10^{-16}	5.42×10^{-8}
F_{19}	平均值	0.397887	0.397887	0.397887	0.397887	0.397887	0.397887	0.397887	0	0.43609	0.39789	0.39789	0.39791
	方差	0	0	0	0	2.65×10^{-14}	0	7.36×10^{-9}	0	9.18×10^{-2}	1.72×10^{-9}	2.88×10^{-15}	2.63×10^{-5}
F_{20}	平均值	0	0	0	0	0	0	5.10×10^{-10}	0	61.90491	0	3.52×10^{-12}	0
	方差	0	0	0	0	0	0	5.13×10^{-10}	0	102.66111	0	4.70×10^{-12}	0
F_{21}	平均值	0	0	0	0	1.38×10^{-23}	1.79×10^{-20}	2.36×10^{-10}	0	0	4.19×10^{-7}	2.52×10^{-15}	5.59×10^{-6}
	方差	0	0	0	0	2.71×10^{-23}	2.19×10^{-20}	3.25×10^{-10}	0	0	3.25×10^{-7}	3.27×10^{-15}	6.65×10^{-6}

续表

函数	取值	AHA	PSO	TLBO	DE	CS	GSA	ABC	CMA-ES	SHADE	WOA	SSA	BOA
F_{22}	平均值	0	30.84562	12.67972	153.2381	109.4123	14.6259	188.6345	1.65×10^{2}	1.15×10^{2}	0	33.79541	5.79935
	方差	0	7.634213	5.585089	32.14768	13.43076	3.265065	12.28813	8.99333	9.03763	0	14.36489	31.76315
F_{23}	平均值	−12409.83	−7414.212	−6967.84	−5410.479	−8240.78	−2799.41	−4669.02	−4.37	−6.87	−12373.69	−7.75	−4.64
	方差	225.97788	703.1906	883.3577	626.7710	183.6841	401.8812	321.0048	206.3945	354.2472	477.6967	622.8568	346.0785
F_{24}	平均值	−1.801303	−1.801303	−1.801303	−1.801303	−1.801303	−1.801303	−1.801303	−1.80127	−1.801303	−1.801303	−1.801303	−1.801206
	方差	9.03×10^{-16}	9.03×10^{-16}	9.03×10^{-16}	9.03×10^{-16}	9.03×10^{-16}	9.53×10^{-16}	2.82×10^{-15}	1.79×10^{-4}	9.03×10^{-16}	1.57×10^{-10}	7.49×10^{-15}	1.48×10^{-4}
F_{25}	平均值	−4.687658	−4.676521	−4.630384	−4.672345	−4.68747	−4.58342	−4.68325	−4.65679	−4.687658	−4.20252	−4.47196	−4.22945
	方差	1.61×10^{-15}	0.018783	0.062161	0.020469	0.000173	0.074498	0.008447	0.00642	1.66×10^{-14}	0.47952	0.26152	0.13664
F_{26}	平均值	−9.659194	−9.436739	−9.3722	−9.350663	−8.32567	−9.29025	−8.39637	−6.40800	−9.16678	−7.37496	−7.90679	−5.84003
	方差	1.88×10^{-2}	0.164514	0.174254	0.377745	0.261795	0.196015	0.319772	0.75719	0.10090	0.93505	0.78449	0.27924
F_{27}	平均值	0	0	0	0	6.40×10^{-12}	0.011225	3.99×10^{-6}	0	5.97×10^{-3}	0	1.41×10^{-16}	0
	方差	0	0	0	0	2.56×10^{-11}	0.012445	5.31×10^{-6}	0	3.24×10^{-2}	0	2.57×10^{-16}	0
F_{28}	平均值	−1.031628	−1.031628	−1.031628	−1.031628	−1.031628	−1.031628	−1.031628	−1.03163	−1.03163	−1.03163	−1.03163	−1.03163
	方差	6.65×10^{-16}	6.78×10^{-16}	6.78×10^{-16}	6.78×10^{-16}	5.13×10^{-16}	5.68×10^{-16}	7.78×10^{-11}	6.78×10^{-16}	6.71×10^{-16}	1.77×10^{-14}	1.56×10^{-15}	1.87×10^{-6}
F_{29}	平均值	0	0	0	0	0	0	2.92×10^{-9}	3.91×10^{-2}	79.93775	0	2.63×10^{-12}	1.85×10^{-17}
	方差	0	0	0	0	0	0	3.50×10^{-9}	0.21426	110.0769	0	2.95×10^{-12}	2.66×10^{-17}
F_{30}	平均值	0	0	0	0	0	0	3.46×10^{-7}	0	0	0	1.18×10^{-12}	0
	方差	0	0	0	0	0	0	3.63×10^{-7}	0	0	0	1.38×10^{-12}	0
F_{31}	平均值	−186.7309	−186.7309	−186.7309	−186.7309	−186.7309	−185.1421	−186.7161	−186.5688	−186.7309	−186.7309	−186.7309	−186.6980
	方差	2.30×10^{-14}	4.26×10^{-14}	2.04×10^{-14}	3.12×10^{-14}	1.44×10^{-7}	1.482282	0.018285	0.61860	3.98×10^{-5}	1.96×10^{-7}	4.28×10^{-12}	0.029477
F_{32}	平均值	3	3	3	3	3	3	3	3.00097	3	3	3	3.00009
	方差	1.33×10^{-15}	2.24×10^{-15}	1.26×10^{-15}	1.91×10^{-15}	1.44×10^{-15}	2.37×10^{-15}	1.47×10^{-10}	5.30×10^{-3}	1.66×10^{-15}	1.88×10^{-8}	3.87×10^{-14}	8.05×10^{-5}

续表

函数	取值	AHA	PSO	TLBO	DE	CS	GSA	ABC	CMA-ES	SHADE	WOA	SSA	BOA
F_{33}	平均值	3.07×10^{-4}	3.23×10^{-4}	3.08×10^{-4}	3.08×10^{-4}	4.01×10^{-4}	1.89×10^{-3}	5.61×10^{-4}	5.35×10^{-4}	3.08×10^{-4}	4.96×10^{-4}	4.82×10^{-4}	3.50×10^{-4}
	方差	1.71×10^{-19}	3.33×10^{-5}	1.20×10^{-14}	1.13×10^{-19}	7.66×10^{-5}	0.000582	6.53×10^{-5}	3.21×10^{-4}	2.58×10^{-12}	2.81×10^{-4}	2.12×10^{-4}	2.81×10^{-5}
F_{34}	平均值	−10.15320	−8.387923	−10.15320	−9.816371	−10.15320	−6.51465	−10.04147	−7.19831	−10.15320	−10.15320	−9.98479	−10.07206
	方差	7.17×10^{-15}	2.5745855	6.40×10^{-15}	1.281842	1.56×10^{-7}	3.584548	0.612238	3.50661	6.56×10^{-15}	2.50×10^{-6}	0.92244	5.29×10^{-2}

表 2-3　50 个测试函数的比较结果（F_{35} ~ F_{50}）

函数	取值	AHA	PSO	TLBO	DE	CS	GSA	ABC	CMA-ES	SHADE	WOA	SSA	BOA
F_{35}	平均值	−10.40294	−9.87415	−10.22344	−10.40294	−10.40294	−10.40294	−10.40294	−7.41732	−10.40294	−10.40294	−9.82871	−10.29099
	方差	1.44×10^{-15}	1.6134816	0.9831917	1.68×10^{-15}	1.39×10^{-6}	6.60×10^{-16}	1.27×10^{-13}	1.92462	9.90×10^{-16}	1.23×10^{-5}	1.76503	7.29×10^{-2}
F_{36}	平均值	−10.53641	−10.00033	−10.53641	−10.53641	−10.53641	−10.53641	−10.53641	−8.16297	−10.53641	−10.53617	−10.35772	−10.38754
	方差	1.78×10^{-15}	1.635722	2.06×10^{-15}	1.78×10^{-15}	3.86×10^{-6}	1.75×10^{-15}	4.01×10^{-13}	3.69341	2.29×10^{-15}	1.30×10^{-3}	0.97874	0.10201
F_{37}	平均值	0.049419	0.605883	0.021789	0.009449	0.008465	7.574478	0.379297	0.162175	0.13143	0.87880	0.00357	1.25213
	方差	0.120376	0.7397311	0.0404131	0.022915	0.005766	5.159717	0.316325	0.03921	0.09697	1.23697	0.00296	0.93553
F_{38}	平均值	0.000145	0.001187	0.001878	0.000141	0.000755	0.045927	0.016021	6.68×10^{-4}	9.70×10^{-3}	4.36×10^{-1}	1.33×10^{-2}	2.40×10^{-2}
	方差	0.000179	0.002912	0.002361	0.000135	0.000575	0.046482	0.010363	9.74×10^{-4}	6.24×10^{-3}	4.07×10^{-1}	2.48×10^{-2}	1.45×10^{-2}
F_{39}	平均值	−3.862782	−3.862782	−3.862782	−3.862782	−3.862782	−3.862782	−3.862782	−3.862782	−3.862782	−3.86277	−3.86278	−3.86254
	方差	2.71×10^{-15}	2.71×10^{-15}	2.71×10^{-15}	2.71×10^{-15}	2.32×10^{-15}	2.43×10^{-15}	2.03×10^{-15}	2.71×10^{-15}	2.71×10^{-15}	1.89×10^{-5}	4.82×10^{-15}	1.23×10^{-4}
F_{40}	平均值	−3.310106	−3.254622	−3.318032	−3.302181	−3.321997	−3.322	−3.322	−3.30989	−3.322	−3.25410	−3.27337	−3.30731
	方差	0.0362776	0.059923	0.021706	0.045066	4.69×10^{-7}	1.36×10^{-15}	4.80×10^{-15}	3.69×10^{-2}	1.36×10^{-15}	6.04×10^{-2}	6.06×10^{-2}	1.19×10^{-2}
F_{41}	平均值	0	0.016745	0	0.003695	1.150341	4.289197	0.934173	4.65×10^{-9}	1.07×10^{-5}	1.74×10^{-3}	9.11×10^{-3}	0
	方差	0	0.019159	0	0.009722	0.041123	2.066729	0.058221	2.09×10^{-9}	2.12×10^{-5}	4.60×10^{-3}	8.74×10^{-3}	0

续表

函数	取值	AHA	PSO	TLBO	DE	CS	GSA	ABC	CMA-ES	SHADE	WOA	SSA	BOA
F_{42}	平均值	$\underline{8.88\times10^{-16}}$	0.099686	6.57×10^{-15}	3.99×10^{-8}	9.189665	3.38×10^{-9}	0.655145	8.86×10^{-6}	3.55×10^{-4}	2.90×10^{-15}	1.21440	3.63×10^{-7}
	方差	0	0.380955	1.77×10^{-15}	1.85×10^{-8}	1.819592	4.02×10^{-10}	0.216113	2.60×10^{-6}	7.07×10^{-5}	2.22×10^{-15}	0.97792	7.41×10^{-8}
F_{43}	平均值	4.15×10^{-7}	0.1774656	0.0034556	0.010366	3.121021	0.043249	37.79774	$\underline{4.19\times10^{-11}}$	4.35×10^{-7}	4.35×10^{-6}	1.37761	7.44×10^{-2}
	方差	5.63×10^{-7}	0.2800774	0.0189273	0.031632	0.691772	0.069695	20.68029	2.50×10^{-11}	3.03×10^{-8}	1.61×10^{-6}	1.37411	0.02717
F_{44}	平均值	0.669596	0.007692	0.042621	0.001465	7.714342	$\underline{2.17\times10^{-18}}$	5657.875	5.98×10^{-10}	4.91×10^{-7}	1.94×10^{-3}	2.93×10^{-3}	4.17×10^{-1}
	方差	0.547843	0.014459	0.049049	0.003798	2.177475	5.70×10^{-19}	5582.683	4.54×10^{-10}	2.30×10^{-7}	8.19×10^{-3}	4.94×10^{-3}	1.40×10^{-1}
F_{45}	平均值	$\underline{-1.080938}$	$\underline{-1.080938}$	$\underline{-1.080938}$	$\underline{-1.080938}$	$\underline{-1.080938}$	-1.060773	$\underline{-1.080938}$	-1.08066	$\underline{-1.080938}$	$\underline{-1.080938}$	$\underline{-1.080938}$	-1.08007
	方差	4.52×10^{-16}	2.46×10^{-11}	4.52×10^{-16}	4.52×10^{-16}	6.45×10^{-16}	0.023527	1.38×10^{-6}	9.58×10^{-4}	4.52×10^{-16}	9.74×10^{-16}	1.96×10^{-15}	1.48×10^{-3}
F_{46}	平均值	-1.331229	-1.499999	-1.482166	-1.499999	-1.476211	-0.695269	$\underline{-1.5}$	-1.26141	$\underline{-1.5}$	-0.86853	-1.19567	-0.90248
	方差	0.2871761	6.78×10^{-16}	0.0976773	6.78×10^{-16}	0.097389	0.134028	2.71×10^{-10}	0.29157	3.14×10^{-10}	0.25593	0.35396	0.19274
F_{47}	平均值	-0.5681353	-0.662263	-0.605597	-1.128604	-0.75937	-0.10345	-1.09223	-0.73411	$\underline{-1.16257}$	-0.35923	-0.49452	-0.19268
	方差	0.2033322	0.181552	0.2701304	0.405098	0.098781	0.111923	0.233308	0.38120	0.28561	0.15903	0.26391	0.09874
F_{48}	平均值	$\underline{0}$	$\underline{0}$	$\underline{0}$	$\underline{0}$	2.30×10^{-13}	2.51×10^{-17}	3.80×10^{-10}	0.21623	17.16006	1.60×10^{-11}	8.10×10^{-13}	4.96×10^{-3}
	方差	0	0	0	0	4.49×10^{-13}	2.15×10^{-17}	7.57×10^{-10}	0.69008	25.83799	5.57×10^{-11}	8.72×10^{-13}	5.06×10^{-3}
F_{49}	平均值	1.99×10^{-14}	24.996503	0.0006297	$\underline{7.40\times10^{-29}}$	0.172079	627.2041	0.206423	6.38×10^{-4}	1.32×10^{-3}	119.49457	3.30×10^{-4}	112.36312
	方差	8.38×10^{-14}	38.797106	0.0033806	9.90×10^{-29}	0.20066	1066.61	0.275318	2.38×10^{-3}	1.62×10^{-3}	432.23037	8.73×10^{-4}	54.99002
F_{50}	平均值	16.091881	1532.5689	191.36318	$\underline{3.026670}$	509.7585	8576.55	21.00176	1.15×10^{4}	20.08336	5.27×10^{3}	13.46566	5.55×10^{3}
	方差	40.154103	2755.4617	446.40356	14.34583	170.7582	9659.197	5.291822	1.82×10^{4}	76.03819	6.89×10^{3}	46.29551	1.57×10^{3}

表 2-4 给出了使用 Wilcoxon 符号秩检验进行显著差异的统计结果。在表 2-4 中，“=”表示人工蜂鸟算法与比较方法之间没有统计上显著的差异，“+”表示拒绝零假设，即人工蜂鸟算法在统计上优于另一个算法，“-”表示相反情况。

表 2-4　Wilcoxon 符号秩检验的统计结果

函数特征	AHA vs PSO (+/=/-)	AHA vs TLBO (+/=/-)	AHA vs DE (+/=/-)	AHA vs CS (+/=/-)	AHA vs GSA (+/=/-)	AHA vs ABC (+/=/-)
US	4/1/0	3/2/0	4/1/0	4/1/0	4/1/0	4/1/0
UN	9/3/0	8/3/1	8/2/2	12/0/0	10/2/0	12/0/0
MS	4/5/0	4/5/0	4/5/0	7/2/0	6/3/0	9/0/0
MN	11/12/1	5/17/2	5/15/4	16/7/1	15/8/1	21/2/1
Total	28/21/1	20/27/3	21/23/6	39/10/1	35/14/1	46/3/1
函数特征	AHA vs CMA-ES (+/=/-)	AHA vs SHADE (+/=/-)	AHA vs WOA (+/=/-)	AHA vs SSA (+/=/-)	AHA vs BOA (+/=/-)	
US	4/1/0	3/2/0	3/2/0	5/0/0	4/1/0	
UN	5/2/5	12/0/0	10/1/1	11/0/1	12/0/0	
MS	5/3/1	6/3/0	6/3/0	9/0/0	8/1/0	
MN	7/12/5	13/8/3	19/4/1	21/1/2	20/4/0	
Total	21/18/11	34/13/3	38/10/2	46/1/3	35/14/1	

对于 US（单峰可分离）函数，相比其他算法，人工蜂鸟算法展现出更优越的性能。对于 UN（单峰不可分离）函数，人工蜂鸟算法明显优于其他算法。US 和 UN 函数的结果显示了人工蜂鸟算法卓越的搜索能力。此外，对于 MS（多峰可分离）函数，人工蜂鸟算法的优于其他算法。对于 MN（多峰不可分离）函数，人工蜂鸟算法与 TLBO 在 17 个函数上没有显著差异。TLBO 在两个 MN 函数上表现优于人工蜂鸟算法，而人工蜂鸟算法在五个 MN 函数上优于 TLBO。人工蜂鸟算法与 DE 在 15 个函数上没有显著差异。人工蜂鸟算法在五个 MN 函数上优于 DE，但在四个 MN 函数上劣于 DE。此外，人工蜂鸟算法与 PSO 在 17 个 MN 函数上没有显著差异；人工蜂鸟算法在 11 个 MN 函数上优于 PSO，仅在一个 MN 函数上劣于 PSO。MN 函数的优化结果表明，人工蜂鸟算法在探索方面具有优势，明显优于其他所有算法。

为了评估人工蜂鸟算法的性能，本实验还采用了 Friedman 符号秩检验（Friedman，1937；Hodges and Lehmann，1962）。该检验不仅可以回答人工蜂鸟算法和其他比较优化算法之间是否存在显著差异，还可以将每个算法的值从最低排名到最高排名。算法的排名越低，表明其性能越好。这个测试是基于人工蜂鸟算法和其他元启发式算法提供的平均解进行的，得到的排名结果列在表 2-5 中。根据这个表格可以看出，从算法排名顺序上来看，人工蜂鸟算法最好，Friedman 检验的平均排名值为 3.1。

大多数优化算法在低维问题上具有良好的优化能力。然而，对于高维问题来说，由于搜索空间的大小随着维度的增加呈指数级增长，一些算法在高维问题上的表现不尽如人意。为了验证人工蜂鸟算法在各种高维函数上的可扩展性，我们选择了50个函数中的14个变维函数进行测试，包括函数 F_2（Step）、F_3（Sphere）、F_4（SumSquares）、F_5（Quartic）、F_{14}（Schwefel 2.22）、F_{15}（Schwefel 1.2）、F_{16}（Rosenbrock）、F_{17}（Dixon-Price）、F_{22}（Rastrigin）、F_{23}（Schwefel）、F_{41}（Griewank）、F_{42}（Ackley）、F_{43}（Penalized）和 F_{44}（Penalized2）。这些函数的维度从30增加到300，步长为15。对于每个维度，我们比较了所有方法在每个变维函数的50次的平均最优解。

表 2-5 Friedman 检验结果

	AHA	PSO	TLBO	DE	CS	GSA	ABC	CMA-ES	SHADE	WOA	SSA	BOA
排名和	155	321.5	206	224.5	365.5	373.5	457	343	301.5	342	392	418.5
排名平均值	3.1	6.43	4.12	4.49	7.31	7.47	9.14	6.86	6.03	6.84	7.84	8.37
总体排名	1	5	2	3	8	9	12	7	4	6	10	11

图2-8为人工蜂鸟算法与其他算法的可扩展性比较结果。可以看出，与其他算法相比，人工蜂鸟算法提供的结果在大多数函数上随着维度的增加变化缓慢，并且始终保持优越性。即使在函数维度非常高时，人工蜂鸟算法提供的解的质量也相当有竞争力。尽管在函数 F_{43} 和 F_{44} 的较低维度上，人工蜂鸟算法的表现略逊于TLBO算法，但随着维度的增加，人工蜂鸟算法的搜索能力几乎可以达到与TLBO算法相同的水平，且优于其他所有优化算法。此外，我们还可以看到，对于高维度的多峰函数，人工蜂鸟算法在探索能力和开发能力上也能够很好地保持平衡。

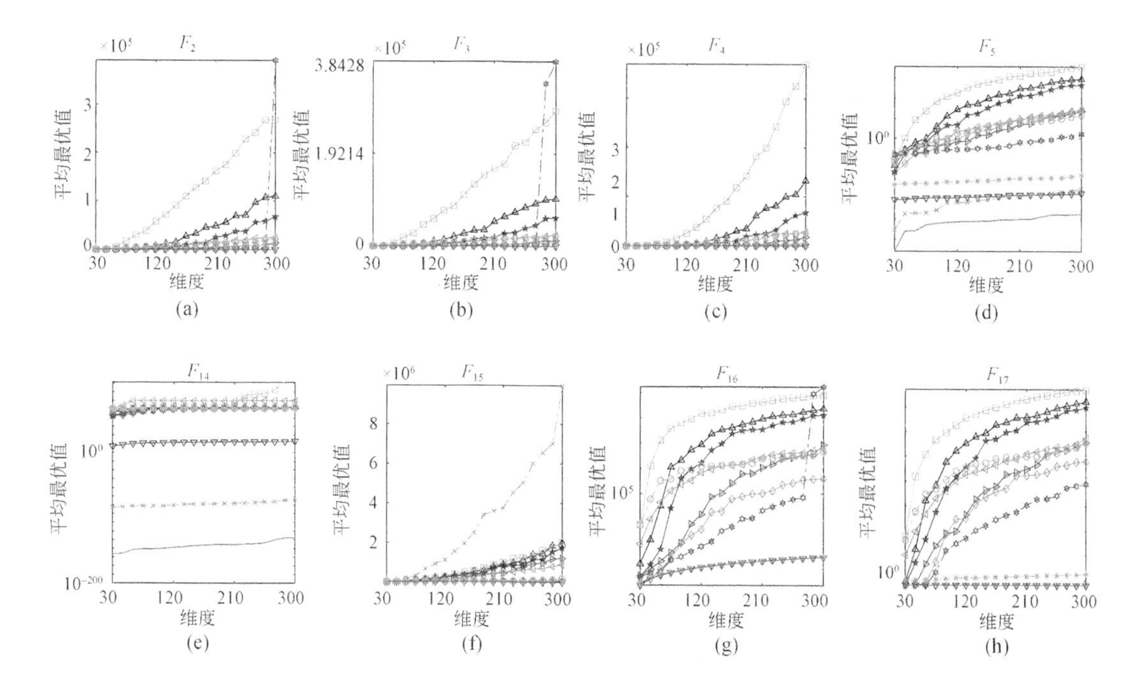

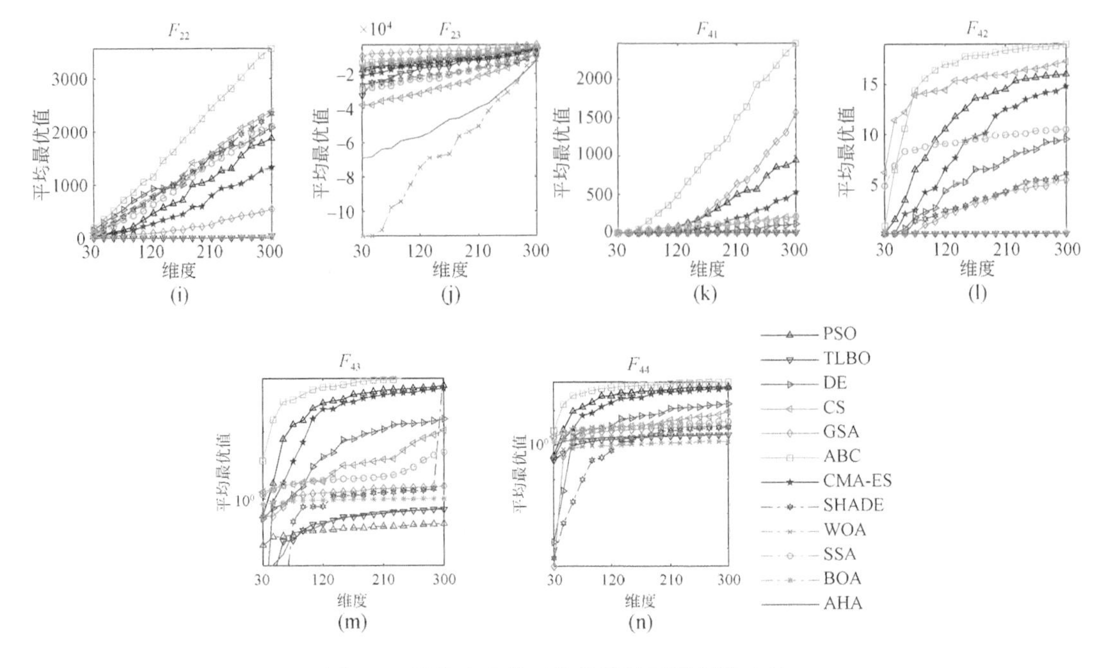

图 2-8　单峰和多峰函数的算法可扩展性比较

2.3　工 程 应 用

2.3.1　三杆桁架设计

这个实例是经典的工程设计问题之一（Ray et al.，2003）。其任务是最小化静态加载的三杆桁架的重量，该问题有两个变量和三个约束条件。图 2-9 显示了三杆桁架的基本结构。该问题的数学模型描述如下。

变量：

$$\boldsymbol{x}=[x_1,x_2]$$

最小化：

$$f_1(\boldsymbol{x})=(2\sqrt{2}x_2+x_2)\times l$$

约束条件：

$$g_1(\boldsymbol{x})=\frac{\sqrt{2}x_1+x_2}{\sqrt{2}x_1^2+2x_2x_1}P-\sigma\leqslant 0$$

$$g_2(\boldsymbol{x})=\frac{x_2}{\sqrt{2}x_1^2+2x_2x_1}P-\sigma\leqslant 0$$

$$g_3(\boldsymbol{x})=\frac{x_2}{x_1+\sqrt{2}x_2}P-\sigma\leqslant 0$$

其中，$l=10\text{cm}$，$P=2\text{kN/cm}^2$，$\sigma=2\text{kN/cm}^2$。

变量范围：

$$0\leqslant x_1\leqslant 1,\quad 0\leqslant x_2\leqslant 1$$

使用人工蜂鸟算法解决该问题，采用 50 只蜂鸟进行 15000 次函数评估，运行 30 次。其结果与其他报告的优化算法（如社会文明算法（SC），粒子群-差分进化算法（PSO-DE）（Kennedy and Eberhart，1995），基于动态随机选择的差异进化算法（DEDS），基于自适应约束的混合进化算法（HEAA）和布谷鸟算法（CS）进行比较。如表 2-6 所示，虽然 PSO-DE 和 AHA 在 30 次运行结果中的最坏值、均值和最优值均达到了最好的结果，但人工蜂鸟算法需要更少的函数评估次数。此外，在相同的函数评估次数下，与 DEDS、HEAA 和 CS 相比，人工蜂鸟算法展示了更优越的优化性能。

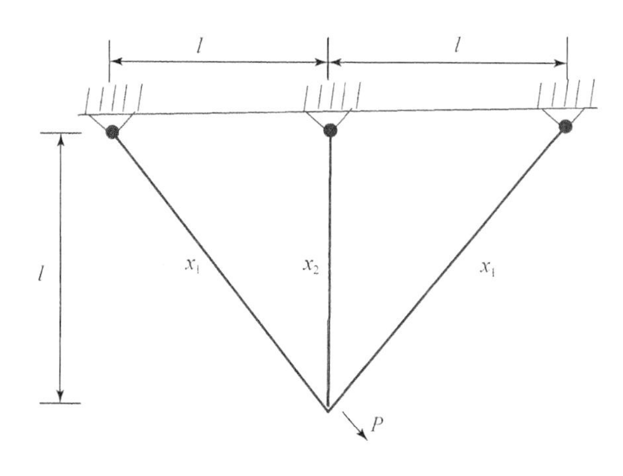

图 2-9　三杆桁架设计问题

表 2-6　三杆桁架设计问题的对比结果

算法	最坏值	均值	最优值	方差	函数评估次数
SC	263.969756	263.903356	263.895846	1.3×10^{-2}	17610
PSO-DE	263.895843	263.895843	263.895843	4.5×10^{-10}	17600
DEDS	263.895849	263.895843	263.895843	9.7×10^{-7}	15000
HEAA	263.896099	263.895865	263.895843	4.9×10^{-5}	15000
CS	NA	264.0669	263.97156	9.0×10^{-5}	15000
AHA	263.895843	263.895843	263.895843	1.09×10^{-7}	15000

注：NA 代表不可用。

2.3.2　悬臂梁设计

悬臂梁设计问题也是一个著名的工程优化问题（Chickermane and Gea，1996）。图 2-10 显示了悬臂梁的基本结构。图中有 5 个空心砌块的悬臂梁形状，梁在第一个砌块处支撑，其他砌块均为自由状态，梁的固定端有一个垂直力。因此，该设计的目的是使梁的重量最小化。该设计包括五个决策变量，分别代表五个不同块的长度，并且该设计中还包含一个约束。该问题的数学模型描述如下。

变量：

$$\boldsymbol{x}=[x_1,x_2,x_3,x_4,x_5]$$

最小化：

$$f_2(\boldsymbol{x})=0.0624(x_1+x_2+x_3+x_4+x_5)$$

约束条件：

$$g_1(\boldsymbol{x})=\frac{61}{x_1^3}+\frac{37}{x_2^3}+\frac{19}{x_3^3}+\frac{7}{x_4^3}+\frac{1}{x_5^3}-1\leqslant 0$$

变量范围：

$$0.01\leqslant x_i\leqslant 100,\quad i=1,\cdots,5$$

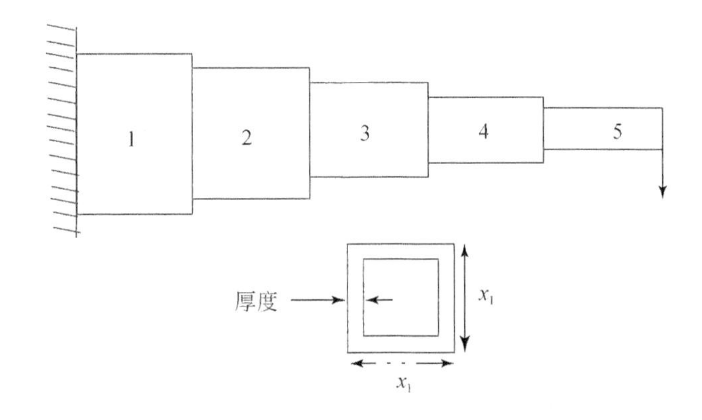

图 2-10　悬臂梁设计问题

许多经典的优化算法被用于解决该问题，包括 SOS、CS、MMA、GCA-Ⅰ、GCA-Ⅱ 和 MFO。表 2-7 给出了人工蜂鸟算法和这些算法的比较结果。从表中可以看出，虽然人工蜂鸟算法的“均值”指标略逊于 SOS，但在“最优值”指标方面，人工蜂鸟算法能够获得最好的解。比较结果表明，人工蜂鸟算法可以有效地解决悬臂梁设计问题中的优化问题。

表 2-7　悬臂梁设计问题的对比结果

算法	最坏值	均值	最优值	方差	函数评估次数
SOS	NA	1.33997	1.33996	1.1×10^{-5}	15000
CS	NA	NA	1.33999	NA	125000
MMA	NA	NA	1.3400	NA	NA
GCA-Ⅰ	NA	NA	1.3400	NA	NA
GCA-Ⅱ	NA	NA	1.3400	NA	NA
MFO	NA	NA	3.399880	NA	NA
AHA	1.343036	1.340146	1.339957	7.912×10^{-5}	15000

2.3.3 滚动轴承设计

滚动轴承设计问题涉及十个几何变量和十个约束，其优化目标是最大化滚动轴承的动载荷承载能力（Gupta et al., 2007; Rao et al., 2011）。图 2-11 显示了滚动轴承的基本结构，该问题的数学模型描述如下。

变量：

$$\boldsymbol{x}=[D_{\mathrm{m}},D_{\mathrm{b}},Z,f_{\mathrm{i}},f_{\mathrm{o}},K_{\mathrm{Dmin}},K_{\mathrm{Dmax}},\varepsilon,e,\zeta]$$

最大化：

$$\begin{cases} f_3(\boldsymbol{x})=f_{\mathrm{c}}Z^{2/3}D_{\mathrm{b}}^{1.8}, & D_{\mathrm{b}}\leqslant 25.4\mathrm{mm} \\ f_3(\boldsymbol{x})=3.647f_{\mathrm{c}}Z^{2/3}D_{\mathrm{b}}^{1.4}, & D_{\mathrm{b}}>25.4\mathrm{mm} \end{cases}$$

约束条件：

$$g_1(\boldsymbol{x})=\frac{\phi_{\mathrm{o}}}{2\arcsin(D_{\mathrm{b}}/D_{\mathrm{m}})}-Z+1\geqslant 0,\quad g_2(\boldsymbol{x})=2D_{\mathrm{b}}-K_{\mathrm{Dmin}}(D-d)\geqslant 0$$

$$g_3(\boldsymbol{x})=K_{\mathrm{Dmax}}(D-d)-2D_{\mathrm{b}}\geqslant 0,\quad g_4(\boldsymbol{x})=D_{\mathrm{m}}-(0.5-e)(D+d)\geqslant 0$$

$$g_5(\boldsymbol{x})=(0.5+e)(D+d)-D_{\mathrm{m}}\geqslant 0,\quad g_6(\boldsymbol{x})=D_{\mathrm{m}}-0.5(D+d)\geqslant 0$$

$$g_7(\boldsymbol{x})=0.5(D-D_{\mathrm{m}}-D_{\mathrm{b}})-\varepsilon D_{\mathrm{b}}\geqslant 0,\quad g_8(\boldsymbol{x})=\zeta B_{\mathrm{w}}-D_{\mathrm{b}}\leqslant 0$$

$$g_9(\boldsymbol{x})=f_{\mathrm{i}}\geqslant 0.515,\quad g_{10}(\boldsymbol{x})=f_{\mathrm{o}}\geqslant 0.515$$

其中

$$f_{\mathrm{c}}=37.91\left(1+\left\{1.04\left(\frac{1-\gamma}{1+\gamma}\right)^{1.72}\left[\frac{f_{\mathrm{i}}(2f_{\mathrm{o}}-1)}{f_{\mathrm{o}}(2f_{\mathrm{i}}-1)}\right]^{0.4}\right\}^{10/3}\right)^{-0.3}\left[\frac{\gamma^{0.3}(1-\gamma)^{1.39}}{f_{\mathrm{o}}(1+\gamma)^{\frac{1}{3}}}\right]\left(\frac{2f_{\mathrm{i}}}{2f_{\mathrm{i}}-1}\right)^{0.41}$$

$$\gamma=\frac{D_{\mathrm{b}}\cos\alpha}{D_{\mathrm{m}}},\quad f_{\mathrm{i}}=\frac{r_{\mathrm{i}}}{D_{\mathrm{b}}},\quad f_{\mathrm{o}}=\frac{r_{\mathrm{o}}}{D_{\mathrm{b}}}$$

$$\phi_{\mathrm{o}}=2\pi-2\arccos\frac{[(D-d)/2-3(T/4)]^2+[D/2-(T/4)-D_{\mathrm{b}}]^2-[d/2+(T/4)]^2}{2[(D-d)/2-3(T/4)][D/2-(T/4)-D_{\mathrm{b}}]}$$

$$T=D-d-2D_{\mathrm{b}},D=160,d=90,B_{\mathrm{w}}=30,r_{\mathrm{i}}=r_{\mathrm{o}}=11.033$$

变量范围：

$$0.5(D+d)\leqslant D_{\mathrm{m}}\leqslant 0.6(D+d),\quad 0.15(D-d)\leqslant D_{\mathrm{b}}\leqslant 0.45(D-d)$$

$$4\leqslant Z\leqslant 50,$$

$$0.515\leqslant f_{\mathrm{i}}\leqslant 0.6,\ 0.515\leqslant f_{\mathrm{o}}\leqslant 0.6$$

$$0.4\leqslant K_{\mathrm{Dmin}}\leqslant 0.5,\ 0.6\leqslant K_{\mathrm{Dmax}}\leqslant 0.7$$

$$0.3\leqslant\varepsilon\leqslant 0.4,\ 0.02\leqslant e\leqslant 0.1,\ 0.6\leqslant\zeta\leqslant 0.85$$

这个工程问题由于变量和约束条件太多，而且可行解空间与整个搜索空间的比率很低，所以寻优更加困难，大多数方法无法在可接受的函数评估次数内提供最好的解。许多优化算法被用于解决该问题，如 GA4（Mezura-Montes and Coello, 2005），TLBO（Rao et al., 2011），ABC（Gupta et al., 2007），MBA（Sadollah et al., 2013），PVS（Deb et al., 2002），MDDE（Wenyin et al., 2014）和 HHO（Liang et al., 2005）。表 2-8 给出了人工蜂鸟算法和这些算法的比较结果。从表中可以看出，在相同的函数迭代次数下，人工蜂鸟算法算法可以提供最合适的几何变量，以获得轴承的最大载荷力。

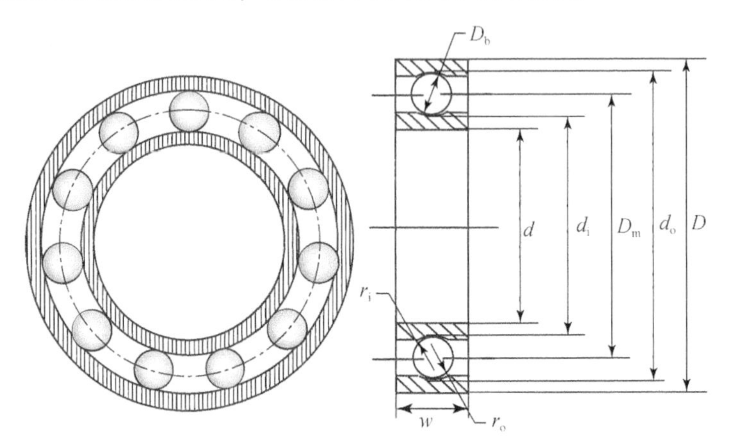

图 2-11　滚动轴承设计

表 2-8　滚动轴承设计问题的对比结果

算法	最坏值	均值	最优值	方差	函数评估次数
GA4	NA	NA	81843. 3000	NA	225000
ABC	78897. 8100	81496. 0000	81859. 7416	NA	10000
TLBO	80807. 8551	81438. 9870	81859. 7400	NA	10000
MBA	84440. 1948	85321. 4030	85535. 9611	211. 5200	15100
PVS	78897. 81	80803. 57	81859. 59	—	10000
PVS	79834. 79	81550	81859. 74	—	20000
MDDE	81701. 18	81848. 7	81858. 83	—	10000
HHO	—	—	83011. 88329	—	15000
AHA	77385. 6122	84635. 8129	85547. 49822	2111. 211	15000

2. 3. 4　水力发电运行设计

水力发电作为一种可再生和清洁能源，在电力中占据了相当大的比例，但随着社会和经济发展，这种能源已无法满足人们日益增长的需求（Hossain et al., 2018；Murty, 2017）。因此，提高水电站的发电能力变得越来越重要。水库和水电系统的运行非常复杂，由于入流等因素的不确定性，因此如何实现水电站的最优运行是当务之急。

图 2-12 显示了水电站运行的基本机制，水电站发电原则即在调度周期内最大化其总发电量，同时确定最优水位。因此，水电站运行设计问题被转化为具有约束的最大化问题(Loucks et al., 2005)。

考虑变量：

$$\boldsymbol{L} = [L_1, L_2, L_3, L_4, L_5, L_6, L_7, L_8, L_9, L_{10}, L_{11}, L_{12}] \tag{2-14}$$

最大化发电量：

$$E(\boldsymbol{L}) = \sum_{t=1}^{T=12} aR_tH_tM_t \tag{2-15}$$

其中，E 是水电站在 T 个月内的总发电量；a 是水电机组的发电效率；R_t 是第 t 个时间间隔内的发电流量；H_t 是第 t 个时间间隔内的平均水头；M_t 是第 t 个时间间隔的时间长度。

（1）水量平衡约束：

$$S_{t+1} = S_t + I_t - R_t - P_t \tag{2-16}$$

其中，S_t 是 $t+1$ 时段开始时的水库蓄水量；I_t 是第 t 个时间间隔的入流量；R_t 是第 t 个时间间隔的水电站发电流量；P_t 是第 t 个时间间隔的泄洪流量。

（2）水库库容约束：

$$S_{t\min} \leqslant S_t \leqslant S_{t\max} \tag{2-17}$$

其中，$S_{t\min}$和 $S_{t\max}$分别是第 t 个时间间隔中的最小运行存储量和最大运行存储量。

（3）功率放电约束：

$$R_{t\min} \leqslant R_t \leqslant R_{t\max} \tag{2-18}$$

其中，$R_{t\min}$和 $R_{t\max}$分别为第 t 个时间间隔内的最小泄洪流量和最大泄洪流量。

（4）水电站功率约束：

$$E_{\min} \leqslant aR_tH_t \leqslant E_{\max} \tag{2-19}$$

其中，$E_{\min}$和 $E_{\max}$分别是第 t 个时间区间内的最小发电量和最大发电量。

约束条件：

$$L_{t\min} \leqslant L_t \leqslant L_{t\max}, \quad t=1,\cdots,12 \tag{2-20}$$

其中，$L_{t\min}$和 $L_{t\max}$分别为第 t 个时间间隔内的最小水位和最大水位。

水位与库存量的关系为

$$S_t = U(L_t) \tag{2-21}$$

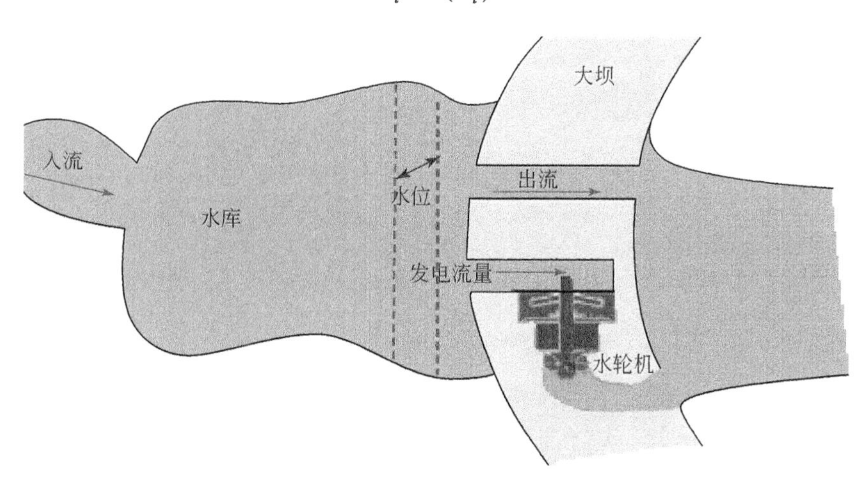

图 2-12　水电站运行机制示意图

分别进行了三个实验：低水年、中水年和高水年，每个实验使用 30 个个体进行 9000 次优化。实验结果显示，高水位年、中等水位年和低水位年的最大发电量分别为 4.458×10^9 kW · h、

4. 787×10^9kW · h 和 5. 107×10^9kW · h。图 2-13 ~ 图 2-15 分别提供了每个测试中收敛曲线和 12 个月内获得的最佳水位水平。观察这些图，可以发现人工蜂鸟算法能够很容易地找到每个月的最佳水位，使总发电量达到最大，并且表现出良好的收敛速度。另外，从图中可以看出，尽管在初始阶段算法得到使总发电量不合理的不可行水位，但总发电量随着迭代次数的增加而增加，并在最后一次迭代中找到了最佳可行水位。

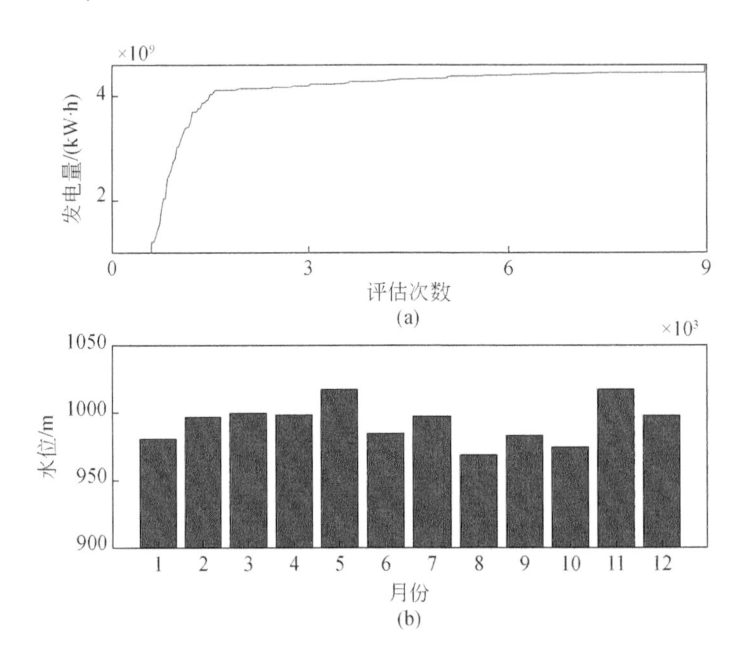

图 2-13　收敛曲线（a）和低水年 12 个月的水位（b）

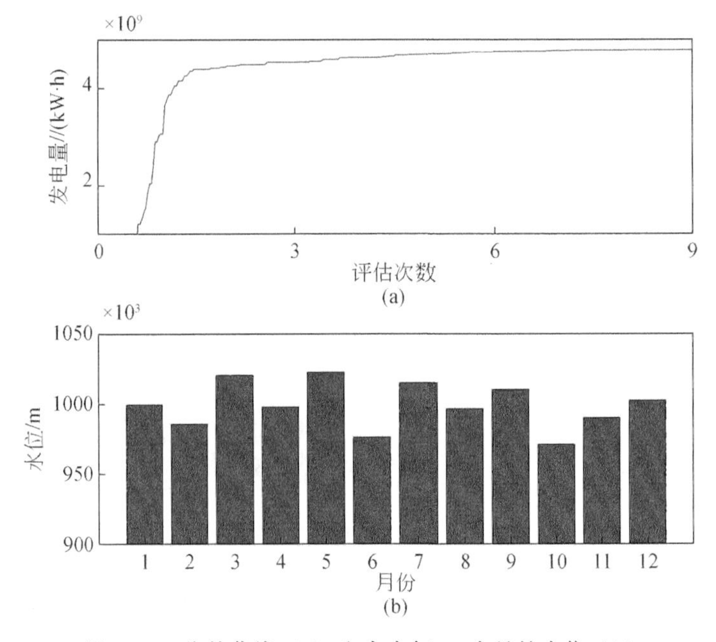

图 2-14　收敛曲线（a）和中水年 12 个月的水位（b）

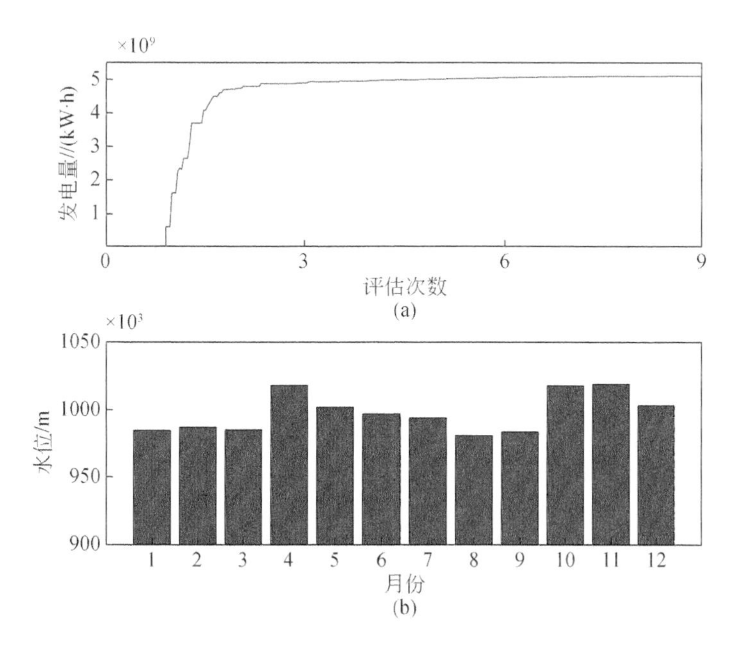

图2-15　收敛曲线（a）和高水年12个月的水位（b）

需要注意的是，在不同的水位年份中，人工蜂鸟算法所提供的相同月份的最优水位之间存在明显的差异。这是因为在不同流量年份的同一时期，上游的入流不同，导致目标函数和约束条件中的出力和蓄能容量发生变化。这种变化通常会强制最优水位根据具有不同流量水平的流量年份从一个位置变化到另一个位置。实验结果表明，我们的算法能够有效地提供最佳水库水位，以提高水电站的发电效率。这个案例再次展示了人工蜂鸟算法解决具有未知和约束变量实际问题的能力。

2.4　小　　结

本章提出了一种名为人工蜂鸟算法（AHA）的新型元启发式仿生优化算法，该算法模拟了蜂鸟的特殊飞行技巧和觅食策略，分别采用了三种飞行技巧，包括轴向飞行、对角飞行和全向飞行。此外，实现了引导觅食、领地觅食和迁徙觅食，构建了一个访问表来模拟蜂鸟对食物源的记忆功能，并使用4个工程实例验证了人工蜂鸟算法的有效性。

第3章　人工蜂鸟算法改进及其在抽水蓄能机组调节系统非线性模型参数辨识中的应用

3.1　引　　言

第2章对人工蜂鸟算法的提出过程及其工程应用进行了详细的说明，研究发现人工蜂鸟算法的初始种群随机生成可能会导致分布不均，进而影响算法的性能。为了提高算法的寻优精度和收敛速度，本章从以下两个方面对人工蜂鸟算法进行改进：采用切比雪夫混沌映射来初始化人工蜂鸟的位置和将 Levy 飞行引入人工蜂鸟算法的觅食过程中，因此提出了改进的人工蜂鸟算法（IAHA）。

与传统水轮发电机组相比，抽水蓄能机组需要频繁启停机，一日内进行多次机组工况转换和机组启停，这些操作容易影响抽水蓄能电站的安全稳定性。随着抽水蓄能电站的发展，对它的品质要求越来越高，因此，对系统的非线性参数辨识是十分有必要的。由于现实条件的限制，对抽水蓄能电站进行现场实验比较困难，对机组调节系统开展仿真实验研究成为一种必要手段。

随着我国电网规模的越发庞大，电网整体结构日益复杂，电网更加青睐可靠性强的发电方式。抽水蓄能技术兼有发电和储能两种功能（朱迪等，2016），是一种特殊的水力发电方式。在电网正常运行时，抽水蓄能电站具有良好的削峰填谷、调频调相能力；当电网出现故障时，它可以起到紧急事故备用的作用。因此，抽水蓄能电站在电网中的重要性日益增大，对于电力系统安全、经济、稳定运行有着重要影响（姬联涛等，2021）。

3.2　抽水蓄能机组调节系统的非线性数学模型

抽水蓄能机组调节系统是一类复杂的非线性时变系统，由比例积分微分（PID）调节器、电液随动系统、压力引水系统、水泵水轮机和发电机组成。本章将考虑到一些非线性环节，尽可能完整地建立数学模型，以提供精确的数学基础。针对具体的问题，需要采用不同的模型进行研究，以得到更准确的结果。

3.2.1　PID 调节器

PID 调节器因算法简单、可靠性高和良好的鲁棒性可保障系统运行的稳定性（杨旭红等，2022），而广泛应用于各种工业过程控制中。PID 调节器有两种类型：串联和并联。为了提高抽水蓄能电站的控制效果，通常会使用并联 PID 控制器（Zhao et al.，2021），为了增强控制器的抗干扰能力，调节器的微分环节通常会使用实际微分环节代替。这种方法可以有效地降低控制器的噪声敏感度，提高其鲁棒性，从而实现更加准确和稳定的控制。其传递函数如下所示：

$$\frac{y_{\mathrm{PID}}(s)}{e(s)}=K_{\mathrm{p}}+\frac{K_{\mathrm{i}}}{s}+\frac{K_{\mathrm{d}}s}{1+T_{1\mathrm{v}}s} \tag{3-1}$$

其中，K_{i} 表示积分调节系数；K_{d} 表示微分调节系数；K_{p} 表示比例调节系数；y_{PID} 为导叶开度相对值；e 为频率偏差信号，$e=c-x$，c 为频率给定信号，x 为机组频率相对值；$T_{1\mathrm{v}}$ 为微分时间常数。

此外，在抽水蓄能机组的多种工况下运行时，需要引入永态差值系数 b_{p} 来实现水轮机调速系统的差调节。该系数定义为水轮机调速系统静态特性曲线在某点处的切线斜率的负数（刘伟等，2016）。通过有差调节，可以使调节系统的稳态误差更小，从而提高机组的运行稳定性和调节精度，即

$$b_{\mathrm{p}}=\frac{\mathrm{d}x}{\mathrm{d}y} \tag{3-2}$$

其中，y 是导叶开度相对值。

在引入永态差值系数后，调节器的传递函数表达式为[50]

$$y_{\mathrm{PID}}(s)=\left(K_{\mathrm{p}}+\frac{K_{\mathrm{i}}}{s}+\frac{K_{\mathrm{d}}s}{1+T_{1\mathrm{v}}s}\right)e(s)+\frac{b_{\mathrm{p}}K_{\mathrm{i}}}{s}\Delta Y(s) \tag{3-3}$$

其中，ΔY 是导叶偏差信号，$\Delta Y=y_{\mathrm{c}}-y_{\mathrm{PID}}$，$y_{\mathrm{c}}$ 是导叶开度给定值。

并联式 PID 调节器的数学模型如图 3-1 所示。

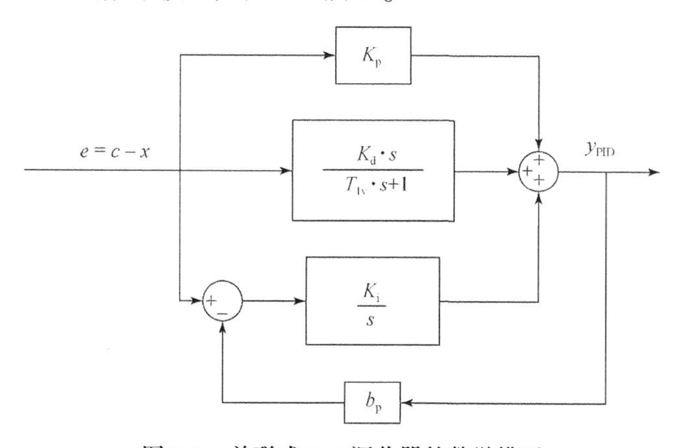

图 3-1　并联式 PID 调节器的数学模型

3.2.2　电液随动系统

电液随动系统作为调速器的执行部分，当电液随动系统收到 PID 调节器的输出信号后，其会利用电液随动系统中的相关器件将 PID 输出信号转换为执行机构移动信号，从而对水泵水轮机导叶开度进行调节（蔡卫江和蔡博宁，2021）。该模型主要涉及的参数为接力器响应时间常数 T_y、辅助接力器反应时间常数 T_{y1} 和电液转换器时间常数 T_1。电液随动系统模型的传递函数为（曹程杰和莫岳平，2010）

$$\frac{y(s)}{y_{\mathrm{PID}}(s)}=\frac{1}{T_1T_{y1}s^3+(T_1+T_{y1})s^2+T_ys+1} \tag{3-4}$$

在不考虑调速器自身激荡问题的前提下，主接力器的时间常数远大于辅助接力器的时间常数，即 $T_{y1}\ll T_y$，因此辅助接力器的时间常数对电液随动系统的影响可以忽略。为了控制导叶接力器的动作速度，可以在主接力器中加入限幅器，以限制主接力器速度（孙美凤等，2008）。电液随动系统的传递函数如下所示：

$$G_y(s)=\frac{1}{T_ys+1} \tag{3-5}$$

电液随动系统在实际应用中存在着大量的非线性特性，例如饱和非线性、死区非线性和间隙非线性等（李永红，2013），这些特性会对系统的动态特性产生较大的影响。因此，在建立电液随动系统的简化一阶惯性环节模型时，需要考虑主接力器的响应时间，并且还需要添加主接力器的存在限速等非线性环节，以更加准确地描述电液随动系统的动态特性。此时的电液随动系统模型如图 3-2 所示。

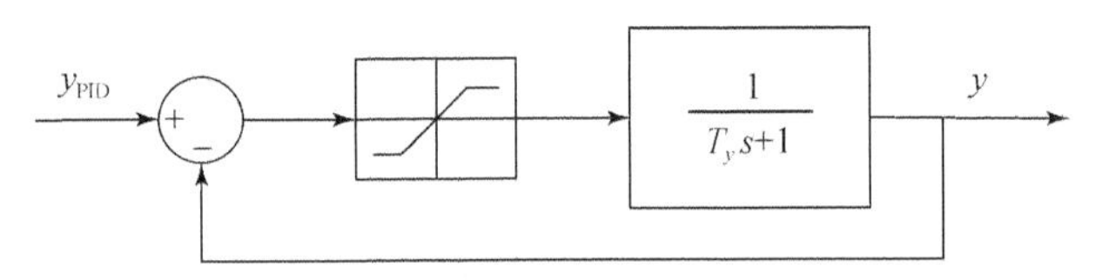

图 3-2　电液随动系统模型

3.2.3　压力引水系统

抽水蓄能电站的输水管路一般都比较长，水泵叶片的开闭将引起管路中水流速度、流量突然变化。在强惯性及强压缩性的条件下，该突变体将导致显著的水锤效应，且水锤效应与调速效应反向，从而对机组的输出功率及调速特性造成严重影响。因此，在建模时需要综合考虑这些因素。根据不同的研究思路，压力引水系统模型主要分为以下几种：刚性水击模型（寇攀高等，2009）、弹性水击模型、非线性双曲正切函数模型和一维有压引水系统非恒定流模型。压力引水系统的数学模型为双曲正切函数，如下所示：

$$G_{\mathrm{h}}(s)=\frac{H(s)}{Q(s)}=-2h_{\mathrm{w}}\frac{\mathrm{e}^{\frac{T_{\mathrm{r}}}{2}s}-\mathrm{e}^{-\frac{T_{\mathrm{r}}}{2}s}}{\mathrm{e}^{\frac{T_{\mathrm{r}}}{2}s}+\mathrm{e}^{-\frac{T_{\mathrm{r}}}{2}s}}=-2h_{\mathrm{w}}\frac{\mathrm{sh}\left(\frac{T_{\mathrm{r}}}{2}s\right)}{\mathrm{ch}\left(\frac{T_{\mathrm{r}}}{2}s\right)} \tag{3-6}$$

其中，T_{r} 为水击相长，$T_{\mathrm{r}}=\frac{2L}{c}$；$h_{\mathrm{w}}$ 是管道特性参数，$h_{\mathrm{w}}=\frac{cQ_{\mathrm{r}}}{2gAH_{\mathrm{r}}}$。

由式（3-3）可以看出，压力管道数学模型为双曲正切函数，但是双曲正切函数无法被直接应用于数值仿真计算中，所以用泰勒级数展开，具体公式如下：

$$\tanh(x)=\frac{\mathrm{sh}(x)}{\mathrm{ch}(x)}=\frac{x+\frac{1}{3!}x^3+\cdots}{1+\frac{1}{2!}x^2+\frac{1}{4!}x^4+\cdots} \tag{3-7}$$

根据具体需要选择的模型展开阶次可获得不同阶次的水击模型。二阶、三阶和四阶弹性水击模型如下所示：

$$G_h(s)=\frac{H(s)}{Q(s)}=-h_w\frac{T_r s}{1+\frac{1}{2}fT_r s+\frac{1}{8}T_r^2 s^2} \tag{3-8}$$

$$G_h(s)=\frac{H(s)}{Q(s)}=-h_w\frac{T_r s+\frac{1}{24}T_r^3 s^3}{1+\frac{1}{8}T_r^2 s^2} \tag{3-9}$$

$$G_h(s)=\frac{H(s)}{Q(s)}=-h_w\frac{T_r s+\frac{1}{24}T_r^3 s^3}{1+\frac{1}{8}T_r^2 s^2+\frac{1}{384}T_r^4 s^4} \tag{3-10}$$

其中，f是水头损失系数。

压力引水系统四阶弹性水击模型如图3-3所示。

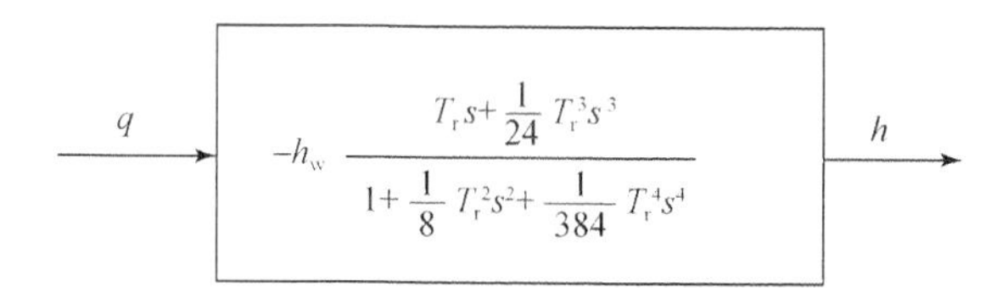

图3-3　压力引水系统四阶弹性水击模型

当管道长度较短时，忽略水流受到的摩擦阻力以及水体和管壁的弹性，采用刚性水击模型，其传递函数如下所示：

$$h=-\frac{T_w \mathrm{d}q}{\mathrm{d}t} \tag{3-11}$$

其中，h 为水压相对值；q 为流量相对值，$q=\frac{Q}{Q_r}$；T_w 为水流惯性时间常数，$T_w=\frac{Q_r L}{gH_r A}$。

压力引水系统刚性水击模型如图3-4所示。

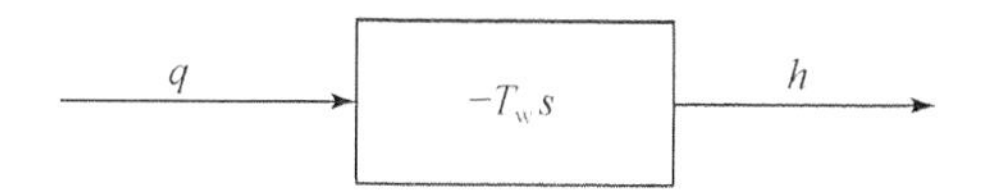

图3-4　压力引水系统刚性水击模型

3.2.4　水泵水轮机模型

水泵水轮机的运行变量之间的动态关系非常复杂，主要包括水流量、水头、转速、功率等多个因素。通常采用稳态工况下的力矩特性和流量特性来描述水泵水轮机的动态特性，如式（3-12）所示（王珏等，2021），水泵水轮机的模型如图3-5所示。

$$\begin{cases} M_t = M_t(\alpha, n, H) \\ Q = Q(\alpha, n, H) \end{cases} \tag{3-12}$$

其中，M_t 为水泵水轮机力矩；Q 为水泵水轮机流量；α 为导叶开度；n 为水泵水轮机转速；H 为水泵水轮机工作水头。

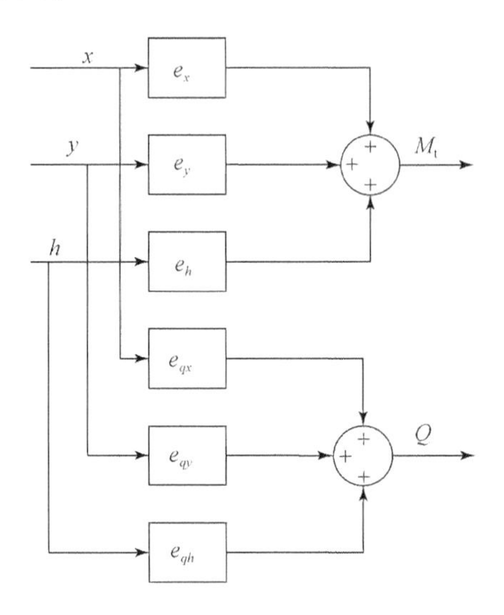

图 3-5　水泵水轮机模型

式（3-13）和式（3-14）均为非线性函数。在小波动情况下，设水轮机的初始工况点为 $\alpha=\alpha_0$，$n=n_0$，$H=H_0$。进入动态过程后，$\alpha=\alpha_0+\Delta\alpha$，$n=n_0+\Delta n$，$H=H_0+\Delta H$。将式（3-13）和式（3-14）表示的非线性模型（隐函数）转换为线性模型。现将其在工况点（α_0，n_0，H_0）处展开为泰勒级数，并忽略二阶以上高阶微量，可得

$$\Delta M_t = M_t(\alpha, n, H) - M_t(\alpha_0, n_0, H_0) = \frac{\partial M_t}{\partial \alpha}\Delta\alpha + \frac{\partial M_t}{\partial n}\Delta n + \frac{\partial M_t}{\partial H}\Delta H \tag{3-13}$$

$$\Delta Q = Q(\alpha, n, H) - Q(\alpha_0, n_0, H_0) = \frac{\partial Q}{\partial \alpha}\Delta\alpha + \frac{\partial Q}{\partial n}\Delta n + \frac{\partial Q}{\partial H}\Delta H \tag{3-14}$$

取相对值，有

$$m_t = \frac{\partial \dfrac{M_t}{M_r}}{\partial \dfrac{\alpha}{\alpha_{\max}}} y + \frac{\partial \dfrac{M_t}{M_r}}{\partial \dfrac{n}{n_r}} x + \frac{\partial \dfrac{M_t}{M_r}}{\partial \dfrac{H}{H_r}} h \tag{3-15}$$

$$q = \frac{\partial \dfrac{Q}{Q_r}}{\partial \dfrac{\alpha}{\alpha_{\max}}} y + \frac{\partial \dfrac{Q}{Q_r}}{\partial \dfrac{n}{n_r}} x + \frac{\partial \dfrac{Q}{Q_r}}{\partial \dfrac{H}{H_r}} h \tag{3-16}$$

其中，M_r 为额定工况下水轮机的主动力矩；Q_r 为额定工况下的流量；n_r 为机组额定转速；H_r 为水轮机额定水头；m_t 为力矩偏差相对值，$m_t=\dfrac{\Delta M_t}{M_t}$；$q$ 为流量偏差相对值，$q=\dfrac{\Delta Q}{Q_r}$；y

为导叶开度偏差相对值，$y=\dfrac{\Delta Y}{Y_{\max}}$；$x$ 为转速偏差相对值，$x=\dfrac{\Delta n}{n_{\mathrm{r}}}$；$h$ 为水头偏差相对值，$h=\dfrac{\Delta H}{H_{\mathrm{r}}}$。

令

$$\begin{cases} e_h=\dfrac{\partial m_{\mathrm{t}}}{\partial h},e_x=\dfrac{\partial m_t}{\partial f},e_y=\dfrac{\partial m_{\mathrm{t}}}{\partial y} \\ e_{qh}=\dfrac{\partial q}{\partial h},e_{qx}=\dfrac{\partial q}{\partial f},e_{qy}=\dfrac{\partial q}{\partial y} \end{cases} \tag{3-17}$$

其中，e_y 为力矩对导叶开度相对系数；e_x 为力矩对转速传递系数；e_h 为力矩对工作水头传递系数；e_{qh}为流量对工作水头的传递系数；e_{qx}为流量对转速相对系数；e_{qy}为流量对导叶开度相对系数。

将上述的传递系数代入式（3-15）和式（3-16）中，水轮机的动态特性可以表示为（Guo and Zhu，2021；把多铎等，2012）

$$\begin{cases} m_{\mathrm{t}}(s)=e_x\cdot x(s)+e_y\cdot y(s)+e_h\cdot h(s) \\ q(s)=e_{qx}\cdot x(s)+e_{qy}\cdot y(s)+e_{qh}\cdot h(s) \end{cases} \tag{3-18}$$

导叶增量到力矩增量的传递函数可写为

$$G_{my}(s)=\frac{m_{\mathrm{t}}}{y}=\frac{e_y-(e_{qy}e_h-e_{qh}e_y)T_{\mathrm{w}}s}{1+e_{qh}T_{\mathrm{w}}s} \tag{3-19}$$

即刚性水击模型下的水泵水轮机简化线性模型（只适用于小扰动相关问题的研究），取 $e_y=1$，$e_{qy}=1$，$e_h=1.5$，$e_{qh}=0.5$，整理得到

$$G_{my}(s)=\frac{1-T_{\mathrm{w}}s}{1+0.5T_{\mathrm{w}}s} \tag{3-20}$$

3.2.5 发电机及负荷模型

发电机是抽水蓄能机组实现机械能转化为电能的核心装置，在不同情况下可以采用不同阶次的数学模型进行描述，主要包括七阶非线性、三阶非线性、二阶和一阶的简化模型，模型的复杂程度依次降低。七阶非线性模型维度过高，分析的复杂程度相对较大；三阶非线性模型在考虑了励磁绕组动态特性的前提下适当降低模型精度；而二阶非线性模型则进一步忽略励磁组的动态特性。相对于以上所述模型而言，抽水蓄能机组调节系统建模和优化控制相关研究通常只需要考虑发电机转子动力学特性和自调节性能（散齐国等，2017）。因此，选择简化的一阶发电机模型（张剑焜等，2019）。

发电机及负荷的动态特性用增量相对值可以表示为

$$\Delta m_{\mathrm{t}}-\Delta m_{\mathrm{g}}=T_{\mathrm{a}}\frac{\mathrm{d}\Delta x}{\mathrm{d}t} \tag{3-21}$$

其中，Δx 为转速增量相对值；T_{a} 为机组惯性时间常数；Δm_{t} 为水轮机转矩的增量值；Δm_{g} 为发电机阻力矩的增量值。

发电机的阻力矩包括负荷变化引起的阻力矩 Δm_{L} 和机组转速变化引起的阻力矩$\dfrac{\mathrm{d}\Delta m_{\mathrm{g}}}{\mathrm{d}\Delta x}$

Δx，则有

$$\Delta m_t=\Delta m_L+\frac{d\Delta m_g}{d\Delta x}\Delta x \tag{3-22}$$

联立式（3-12）和式（3-13）可得

$$\Delta m_t-\Delta m_L=T_a\frac{d\Delta x}{dt}+e_g\Delta x \tag{3-23}$$

式中

$$e_g=\frac{d\Delta m_g}{d\Delta x} \tag{3-24}$$

考虑到发电机所带的负荷，负荷惯性时间常数 T_b，即 $T_A=T_a+T_b$。

$$\Delta m_t-\Delta m_L=T_A\frac{d\Delta x}{dt}+e_g\Delta x \tag{3-25}$$

将式（3-16）做拉普拉斯变换（拉氏变换）可得发电机及负荷的传递函数为

$$G_g(s)=\frac{x(s)}{m_t(s)-m_L(s)}=\frac{1}{T_A+e_g} \tag{3-26}$$

综上所述，发电机及负荷的模型如图 3-6 所示。

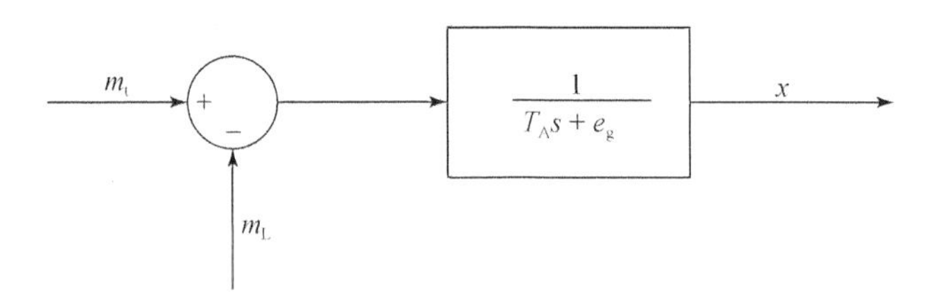

图 3-6　发电机及负荷模型

3.2.6　抽水蓄能机组调节系统仿真模型

深入研究抽水蓄能机组调节系统的数学模型对于实现精确的参数辨识具有重要意义。如图 3-7 所示，抽水蓄能机组调节系统模型描述了其运行原理。该系统由调速器（PID 调节器和电液随动系统）、压力引水系统、水泵水轮机和发电机及负荷等组成。调速器通过比较机组实际转速与转速给定值，输出控制信号，经过 PID 调节器调节后得到控制开度。控制开度作为电液随动系统的输入，是实测导叶开度与给定导叶开度之间的差值。控制接力器动作后改变水泵水轮机导叶开度，导致进入水泵水轮机的流量和流速发生变化，同时存在水击等非线性因素影响。水泵水轮机导叶开度的改变引起进入压力引水系统中水头的变化，再进入水泵水轮机，进而影响输出机械转矩的大小。水泵水轮机通过主轴输出的机械转矩，同时通过发电机与外界负载形成的电磁转矩作用，完成对机组转速的调节。

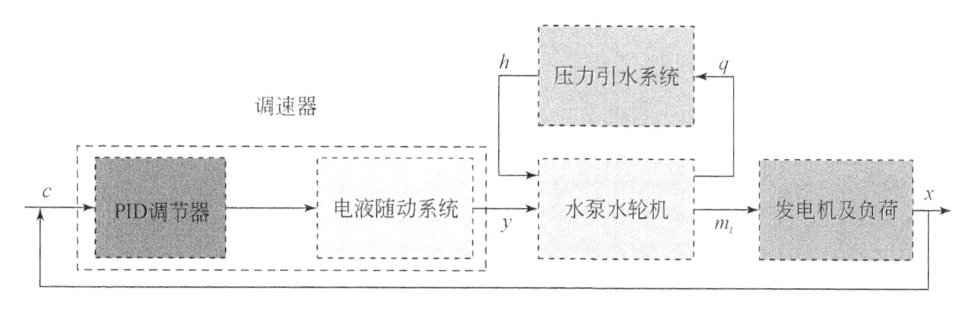

图 3-7 抽水蓄能机组调节系统模型框图

3.3 人工蜂鸟算法的改进

3.3.1 切比雪夫混沌映射

混沌是一种非线性系统的演变现象，是在确定性系统中出现的随机状态，其长期行为无固定周期且对初始条件非常敏感。混沌系统具有遍历性，可以产生高度随机、无规律的状态。因此，利用混沌变量进行搜索可以充分利用其随机性，相比于无序搜索具有更大的优越性，可以更有效地找到最优解。

切比雪夫混沌映射（Farash and Attari，2014）的特点是分布范围广且均匀，可以在区间［-1，1］上进行分布。对于该映射来说，当阶次为 $k \geqslant 2$ 时（k 为阶次），无论初始值的选择如何接近，迭代得到的序列都是彼此独立且不相关的。在这一范围内，该映射表现出混沌和遍历性质。该映射的方程为

$$x_{n+1}=\cos(k\arccos x_n),\quad x_n\in[-1,1] \tag{3-27}$$

为了提高算法的寻优精度和收敛速度，本书采用切比雪夫混沌映射来初始化人工蜂鸟的位置。切比雪夫混沌映射分布范围广且均匀，在初始值选择相近的情况下迭代出来的序列互不相关，因此可以增强种群的多样性，提高初始群体的全局搜索能力。这样，利用AHA 算法就能够更好地求解问题，从而提高算法的求解精度。

3.3.2 莱维飞行

研究者发现莱维（Levy）飞行是一种随机行走策略，表现为较短距离和相对较长距离的交叉移动。事实上，自然界中许多动物的觅食轨迹遵循 Levy 分布，这一事实已经被证明。许多随机现象，如布朗运动、随机行走等都遵循 Levy 飞行的原理（Liu and Cao，2020），因此，Levy 飞行已经被广泛应用于智能优化领域，如布谷鸟算法就采用 Levy 飞行进行位置更新，以增强全局搜索能力（马卫和朱娴，2022；张超等，2018）。本章将 Levy 飞行引入 AHA 算法的觅食过程中，以使蜂鸟个体广泛分布于搜索空间中，从而提高全局寻优的能力并避免算法过早收敛。Levy 飞行位置更新方程如下：

$$x_i(t+1)=\begin{cases}x_i(t)+\alpha\oplus\mathrm{Levy}(\lambda), & f(x_i(t))\leqslant f(v_i(t+1)\\ v_i(t+1), & f(x_i(t))>f(v_i(t+1)\end{cases}\tag{3-28}$$

其中，$x_i(t)$ 为 x_i 第 t 代位置；$\oplus$为对点乘法；α 为步长的控制参数；Levy（λ）为随机搜索路径。

其步长遵从 Levy 分布，步长 s 计算为

$$s=\frac{\mu}{|v|^{1/\beta}}\tag{3-29}$$

其中，μ、v 服从正态分布，$\mu\sim N$（0，σ_μ^2），$v\sim N$（0，σ_v^2），$\sigma_v=1$；

$$\sigma_\mu=\left[\frac{(1+\beta)\sin\left(\frac{\pi\beta}{2}\right)}{\frac{1+\beta}{2}\beta^2\frac{\beta-1}{2}}\right]^{1/\beta}\tag{3-30}$$

β 通常取值为 1.5。

根据上述所述，给出改进的人工蜂鸟算法（IAHA）的流程图如图 3-8 所示，它的基本步骤如下。

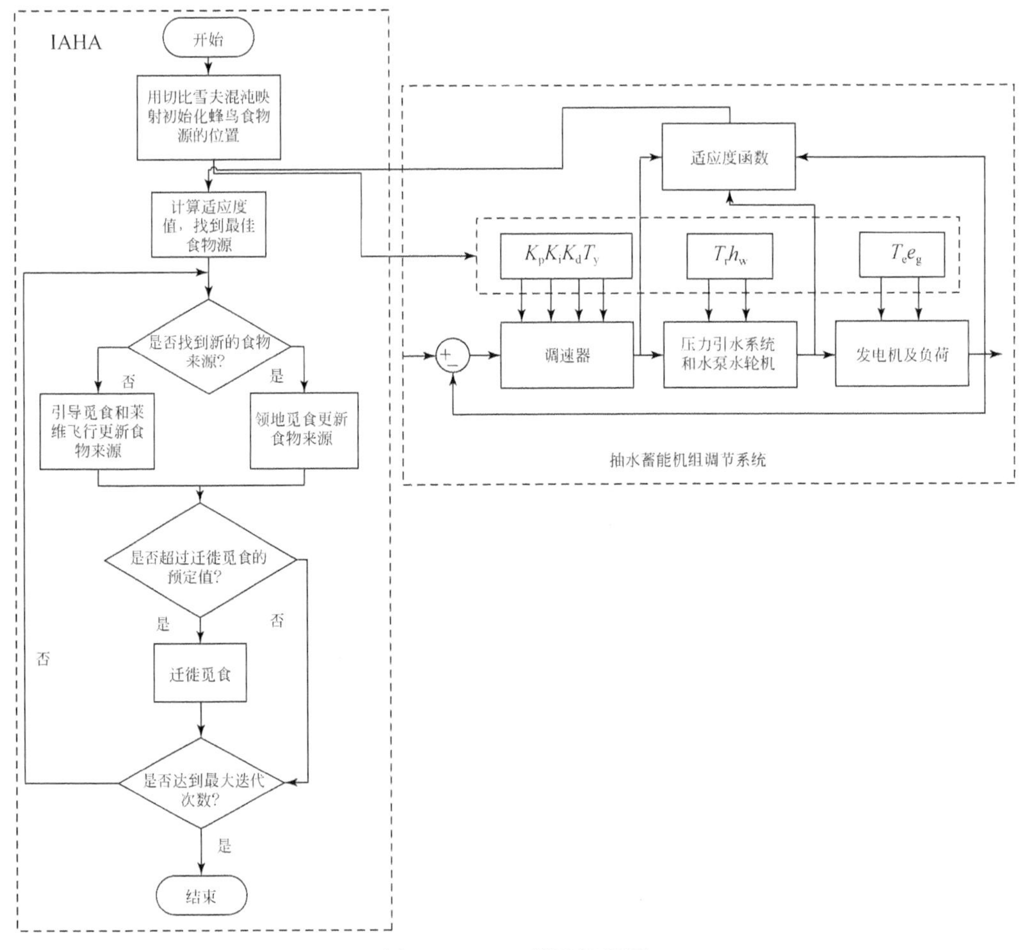

图 3-8 IAHA 算法流程图

步骤一：设置参数，最大迭代次数 T，人工蜂鸟的数目 Pop，适应度函数维数 Dim。

步骤二：运用切比雪夫混沌映射初始化人工蜂鸟的食物源位置，计算相应的适应度函数并记录最优值。

步骤三：运用引导觅食或者领地觅食更新人工蜂鸟的食物源位置，引导觅食根据从现有来源中通过三种飞行能力选择其目标食物来源，从旧来源更新食物来源，在更新时引入了莱维飞行，执行完引导觅食策略后更新访问表；领地觅食根据蜂鸟在访问了食用花蜜的目标食物来源后会运用三种飞行技能寻找新的食物来源，执行领地觅食策略后更新访问表；执行引导觅食和领地觅食的概率均为 50%。

步骤四：在食物源最坏的情况下，蜂鸟在重复 2 次后可能会访问与其目标源相同的食物源，这种情况下要执行迁徙觅食。

步骤五：判断该结果是否达到了算法的最大迭代次数，若达到最大精度，则获得最优食物来源位置，否则转至步骤三。

3.3.3　算法性能测试及结果分析

为了验证 IAHA 算法的有效性，选取人工蜂鸟算法（AHA）、粒子群算法（PSO）、蚁狮优化算法（ALO）和引力搜索算法（GSA）进行对比分析，为了比较各算法的性能，相同的参数设置为同一值，迭代次数为 500，种群为 30，其余参数如表 3-1 所示。所选取的 8 个测试函数如表 3-2 所示。

表 3-1　测试函数中各算法的参数设置

算法	参数设置
PSO	$c_1=2$，$c_2=2$，$\omega_{max}=0.8$，$\omega_{min}=0.2$，ω 从 0.8 到 0.2 线性减小
GSA	$G_0=100$，$\alpha=20$

表 3-2　测试函数

测试函数	维度	峰值
$F_1(x)=\sum_{i=1}^{n} x_i^2$	30	单峰
$F_2(x)=\sum_{i=1}^{n} \lvert x_i \rvert + \prod_{i=1}^{n} \lvert x_i \rvert$	30	单峰
$F_3(x)=\sum_{i=1}^{n-1} 100(x_{i+1}-x_i)^2+(x_i-1)^2$	30	单峰
$F_4(x)=\sum_{i=1}^{n} i x_i^4 + \mathrm{random}[0,1)$	30	单峰
$F_5(x)=\frac{1}{4000}\sum_{i=1}^{n}(x_i-100)^2-\prod_{i=1}^{n}\cos\left(\frac{x_i-100}{\sqrt{i}}\right)+1$	30	多峰

续表

测试函数	维度	峰值
$F_6(x)=\frac{\pi}{n}\left\{10\sin^2(\pi y_1)+\sum_{i=1}^{n-1}(y_1-1)^2[1+10\sin^2(\pi y_1+1)+(y_n-1)^2\right\}+\sum_{i=1}^{30}u(x_i,10,100,4)$	30	多峰
$F_7(x)=-\sum_{i=1}^{4}\exp\left[-\sum_{j=1}^{6}a_{ij}(x_i-p_{ij})^2\right]$	6	多峰
$F_8(x)=-\sum_{i=1}^{5}\lvert(x_i-a_i)(x_i-a_i)^T+c_i\rvert^{-1}$	4	多峰

元启发式算法是一种随机搜索类型的算法，对同一个优化问题，运用同一种算法进行多次计算，结果也不尽相同。因此，为了避免单次结果因为随机性产生过大的误差，本次重复进行20次，各算法的测试结果如表3-3所示，表中展示了8个测试函数的平均值、标准差、最优值和最差值，其中，加粗的为5种算法对不同测试函数的平均值、标准差、最优值和最差值的最优值。

表 3-3　测试结果

		IAHA	AHA	PSO	ALO	GSA
F_1	平均值	**9.476×10^{-141}**	1.720×10^{-136}	0.03051	1.341×10^{-3}	2.265×10^{-16}
	标准差	**4.079×10^{-140}**	7.674×10^{-136}	0.07570	7.962×10^{-4}	9.074×10^{-17}
	最优值	**8.483×10^{-163}**	1.192×10^{-158}	3.505×10^{-4}	2.382×10^{-4}	7.152×10^{-17}
	最差值	**1.827×10^{-139}**	3.432×10^{-135}	0.3307	3.060×10^{-3}	4.848×10^{-16}
F_2	平均值	**9.649×10^{-74}**	1.849×10^{-72}	0.04281	37.997	1.827×10^{-4}
	标准差	**2.956×10^{-73}**	8.180×10^{-72}	0.07353	40.065	4.972×10^{-4}
	最优值	**1.364×10^{-83}**	4.783×10^{-82}	3.437×10^{-3}	4.774	3.664×10^{-8}
	最差值	**1.068×10^{-72}**	1.164×10^{-71}	0.2593	118.545	0.0017026
F_3	平均值	**26.641**	26.802	180.352	292.699	62.2766
	标准差	**0.3171**	0.3687	125.551	384.630	56.6651
	最优值	**26.039**	26.095	52.861	27.149	27.0883
	最差值	**27.292**	27.463	491.466	1221.711	224.8403
F_4	平均值	**1.896×10^{-4}**	2.484×10^{-4}	0.09163	0.2531	0.086758
	标准差	**1.6145×10^{-4}**	1.843×10^{-4}	0.03210	0.06785	0.038176
	最优值	**1.2701×10^{-5}**	3.785×10^{-5}	0.02393	0.1148	0.02946
	最差值	**5.232×10^{-4}**	6.659×10^{-4}	0.1555	0.3512	0.16459
F_5	平均值	**0**	**0**	0.0677	0.06827	25.6197
	标准差	**0**	**0**	0.1227	0.04029	5.8728
	最优值	**0**	**0**	2.373×10^{-3}	0.01855	15.8255
	最差值	**0**	**0**	0.5729	0.1869	36.5582

续表

		IAHA	AHA	PSO	ALO	GSA
F_6	平均值	**6.777×10^{-4}**	8.671×10^{-4}	2.211	12.356	1.9686
	标准差	**1.540×10^{-3}**	1.992×10^{-3}	1.418	4.687	1.0724
	最优值	**3.7076×10^{-5}**	7.021×10^{-5}	0.1988	5.594	0.19133
	最差值	**6.669×10^{-3}**	7.342×10^{-3}	5.6276	23.230	4.2137
F_7	平均值	**−3.322**	−3.304	−3.263	−3.274	−3.316
	标准差	**4.1994×10^{-12}**	0.04356	0.06102	0.06020	0.026706
	最优值	**−3.322**	−3.322	−3.322	−3.322	−3.322
	最差值	**−3.322**	−3.203	−3.203	−3.200	−3.2026
F_8	平均值	**−10.153**	**−10.153**	−7.497	−6.495	−6.3684
	标准差	**2.307×10^{-6}**	6.220×10^{-6}	3.191	2.880	3.6562
	最优值	**−10.153**	**−10.153**	−10.153	−10.153	−10.1532
	最差值	**−10.153**	**−10.153**	−2.683	−2.631	−2.6829

$F_1\sim F_4$ 主要测试开发阶段的能力，该类型的函数不存在局部极值，有且只有一个全局最优值，比较容易优化。因此，这4个函数的全局最优值相比收敛速度可能更加重要。$F_5\sim F_8$ 主要测试探索阶段的能力，该类型的函数有多个局部极值和一个全局最优值，相对 $F_1\sim F_4$ 函数更难优化。因此，该函数更加关注算法的全局优化能力。综上所述，在这5种智能优化算法中，IAHA算法的平均值和标准差都有明显的优势。因此，与其他算法相比，IAHA算法有更好的收敛性和鲁棒性。

3.4　基于IAHA的抽水蓄能机组调节系统非线性模型参数辨识

3.4.1　参数辨识的原理

基于智能优化算法的抽水蓄能机组调节系统参数辨识策略如图3-9所示。首先，选择合适的激励信号来刺激实际系统，得到机组转速信号和水泵水轮机力矩信号，它们的动态响应分别为机组转速 x_i 和力矩 m_{ti}；其次，初始化参数并得到辨识系统的动态响应 $\hat{x}_i$ 和 $\hat{m}_{ti}$，用适应度函数比较实际系统和辨识系统的输出差异；最后，运用智能优化算法不断优化适应度函数，直到达到最小值，从而得到辨识参数。

在该模型中，发电机采用一阶简化模型，可以提高模型的求解效率。当管道长度较长时，水流会受到的摩擦阻力以及水体和管壁的弹性影响，因此，建立了四阶弹性水击模型，以更全面、准确地描述抽水蓄能机组调节系统。图3-10给出了抽水蓄能机组调节系统非线性仿真模型。

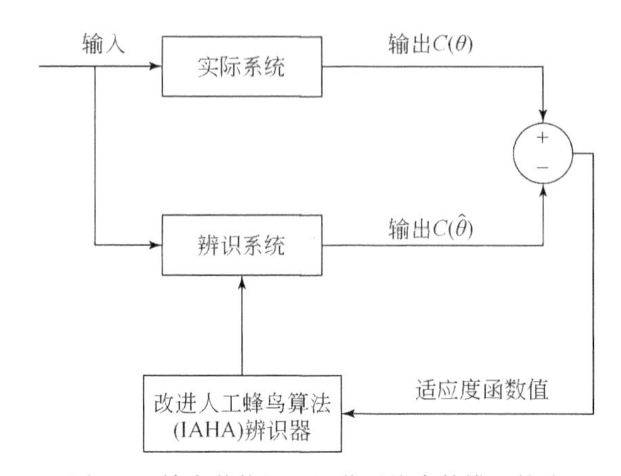

图 3-9　抽水蓄能机组调节系统参数辨识策略

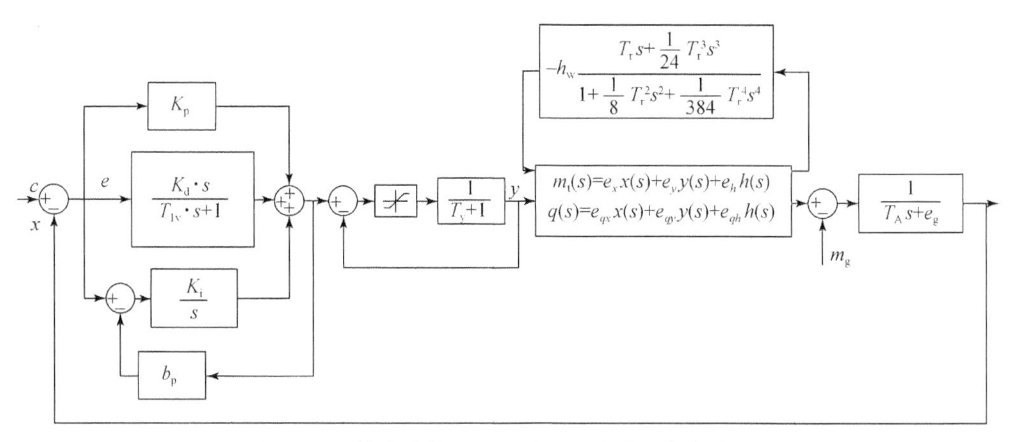

图 3-10　抽水蓄能机组调节系统非线性仿真模型

在基于元启发式算法的参数辨识中，能够精确反映辨识系统与实际系统之间误差的适应度函数是实现参数辨识精度的关键。传统的适应度函数只会得到最后的输出，没有考虑系统中间输出的误差。因此，本次选取的目标函数为

$$C(\theta)=\sum_{i=1}^{N}(x_i-\hat{x}_i)^2+\sum_{i=1}^{N}(y_i-\hat{y}_i)^2+\sum_{i=1}^{N}(m_{ti}-\hat{m}_{ti})^2 \tag{3-31}$$

其中，N 为样本容量；x_i，y_i，m_{ti}分别为实际机组转速、导叶开度和力矩；$\hat{x}_i$，$\hat{y}_i$，$\hat{m}_{ti}$分别为辨识的机组转速、导叶开度和力矩；θ 为辨识的参数，$\theta=[K_p, K_i, K_d, T_y, T_r, h_w, T_A, e_g]$。

为了辨识抽水蓄能机组调节系统的模型参数，本章采用了基于 IAHA 算法的参数辨识策略，具体策略如图 3-11 所示。该策略首先选择合适的输入信号来激励实际系统和辨识系统，随后比较实际系统输出与辨识系统输出之间的差异，将其作为适应度函数。智能优化算法通过不断修正适应度函数值来达到最小值，从而得到系统的最优参数值。IAHA 算法具有快速收敛和全局寻优能力，能够有效地提高参数辨识的准确性和效率。最终，当适应度函数值趋近于理想值零时，即可认为辨识系统与实际系统输出相同，从而获得准确的非线性模型参数。

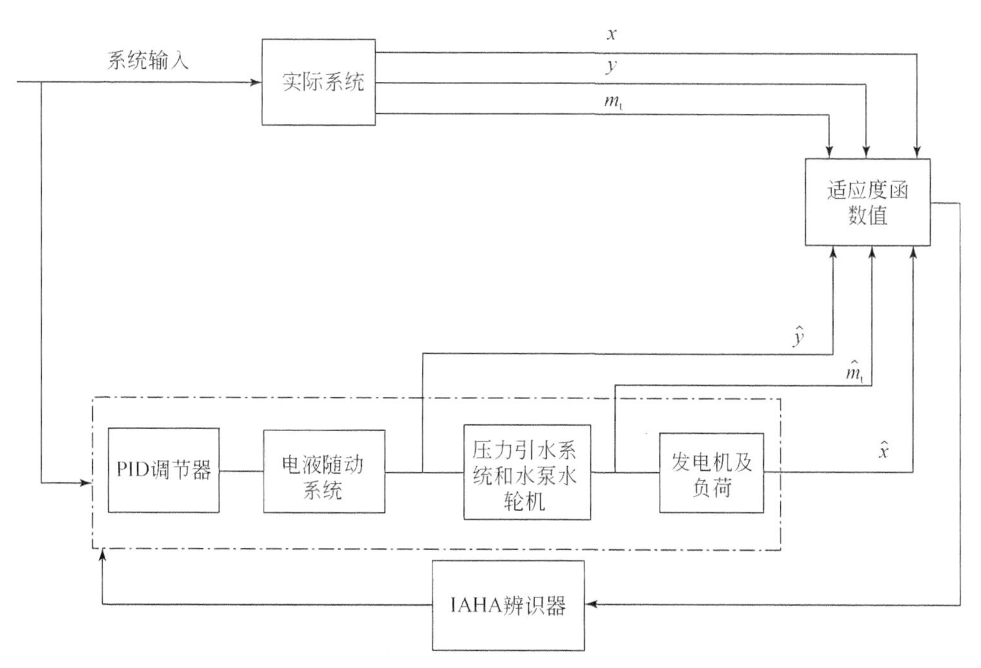

图3-11　基于IAHA算法的抽水蓄能机组调节系统参数辨识策略

3.4.2　参数设置

通常情况下，使用已知模型结构辨识参数会被转化为一个优化问题（Li and Zhou，2011），该优化问题的适应度函数是实际系统输出变量与辨识系统输出变量之间的偏差积分，其中假设辨识系统能够反映真实系统。通过未知参数的寻优使得真实系统输出与辨识系统输出一致，从而实现辨识的效果。

在抽水蓄能机组调节系统中，本书为了验证所提辨识策略的完整性和有效性，待辨识参数集包含PID控制参数，因此所需要辨识的参数有比例参数 K_p、积分参数 K_i、微分参数 K_d、接力器时间常数 T_y 和水流惯性时间常数 T_w 五个变量。在系统的模型中，对于目标函数选取可测量的输出进行差后平方，在扰动开始后进行调节的50s内再积分，目标函数如下：

$$C(\theta)=\sum_{k=1}^{N}\sum_{i=1}^{n}\left[z_i(k)-\hat{z}_i(k)\right]^2 \tag{3-32}$$

其中，N 为样本容量；n 为系统输出数；z 为实际系统输出向量；$\hat{z}$ 为辨识系统输出向量；θ 为辨识参数向量，$\theta=[K_p, K_i, K_d, T_y, T_w]$。

在抽水蓄能调节参数辨识系统中，除了用适应度函数值 $C(\theta)$ 对比外，还可以利用参数误差（PE）和平均参数误差（APE）来衡量参数的辨识精度。

参数误差的公式如下：

$$\mathrm{PE}=\frac{|\theta_i-\hat{\theta}_i|}{\theta_i}\times 100\%,\quad i=1,2,\cdots,m \tag{3-33}$$

其中，θ_i 表示向量 θ 中第 i 个待辨识参数；m 表示待辨识参数的个数。

平均参数误差的公式如下：

$$\mathrm{APE}=\frac{1}{m}\sum_{i=1}^{m}\frac{|\theta_i-\hat{\theta}_i|}{\theta_i}\times 100\% \tag{3-34}$$

3.4.3 基于IAHA的抽水蓄能机组调节系统非线性模型参数辨识

辨识实验是在频率扰动和负荷扰动两个实验工况下进行的，具体工况包括：5%、10%和15%频率扰动和负荷扰动，共6个工况，仿真时长为50s，采样周期为0.01s，辨识的实验次数为20次，因为优化算法的辨识具有随机性，所以结果取其平均值。机组的六个参数根据转速–流量特性曲线和转速–力矩特性曲线获取（Rehman et al., 2015）：$e_x=-1.925$，$e_y=0.7133$，$e_h=1.413$，$e_{qx}=-0.7$，$e_{qy}=0.5833$，$e_{qh}=0.8555$。本章的非线性参数辨识的参数为 $\theta=[K_p, K_i, K_d, T_y, h_w, T_r, T_A, e_g]$，运用5种不同的算法PSO、GSA、ALO、AHA和IAHA将辨识值和实际值进行对比。从图表中获得辨识的优劣，辨识的精度同PE和APE来衡量参数准确性。

1. 频率扰动

1）5%频率扰动

在5%的频率扰动工况下，不同优化算法辨识得到的模型参数结果如表3-4所示，其中加粗的为同一待辨识参数在20次独立运行后得到的平均值的最优值。从平均参数误差（APE）来看，IAHA与AHA、PSO、GSA和ALO相比，IAHA的APE最小。APE反映系统的整体辨识精度，因此，IAHA与这四种算法相比，整体辨识精度最高。从参数误差（PE）来看，IAHA中 K_p 的PE不是最小的，但是仅次于AHA，并且这二者的PE相差甚小仅为0.0016。这表明辨识系统与实际系统有较高的吻合度。

表3-4　5%频率扰动工况下不同优化算法的辨识结果

参数	实际值	PSO		ALO		GSA		AHA		IAHA	
		θ	PE	θ	PE	θ	PE	θ	PE	θ	PE
K_p	3.21	3.4725	0.0818	3.4089	0.0620	2.7837	0.1328	**3.1871**	0.0071	3.1822	0.0087
K_i	2.68	2.7284	0.0181	2.6924	0.0046	2.8566	0.0659	2.7007	0.0077	**2.7007**	0.0077
K_d	1.24	1.5805	0.2746	1.5197	0.2256	1.6001	0.2904	1.3074	0.0544	**1.2964**	0.0455
T_y	0.30	0.5283	0.761	0.5040	0.68	0.3615	0.205	0.3152	0.0507	**0.3146**	0.0487
h_w	1.00	1.0480	0.0480	1.0580	0.0580	0.8805	0.1195	0.9518	0.0482	**0.9691**	0.0309
T_r	1.50	1.5566	0.0377	1.5049	0.0033	1.6834	0.1223	1.5536	0.0357	**1.5283**	0.0189
T_A	8.86	9.1299	0.0305	8.8038	0.0063	7.7609	0.1241	8.8523	0.0009	**8.8335**	0.0030
e_g	1.50	1.4974	0.0017	1.5004	0.0003	1.5104	0.0069	1.4996	0.0003	**1.5001**	0.00007
APE		0.1567		0.1300		0.1334		0.0256		**0.0204**	

图3-12展示了在5%频率扰动工况下实际系统与基于IAHA的辨识系统各环节的输出对比。其中，(a)~(c)分别为机组转速、力矩输出和导叶开度输出的动态响应对比图，

并对其局部进行了放大，可以直观地看到它们之间存在有误差的部分。从这些图中可以看出，基于IAHA的辨识系统与实际系统之间的误差较小。另外，(d)～(f)分别是辨识系统中机组转速、力矩和导叶开度与实际系统的动态响应之间存在的辨识残差。从这三个图中可以看出，在最后到达50s时，残差几乎为零，表明基于IAHA的辨识系统与实际系统之间的误差极小，辨识精度高。

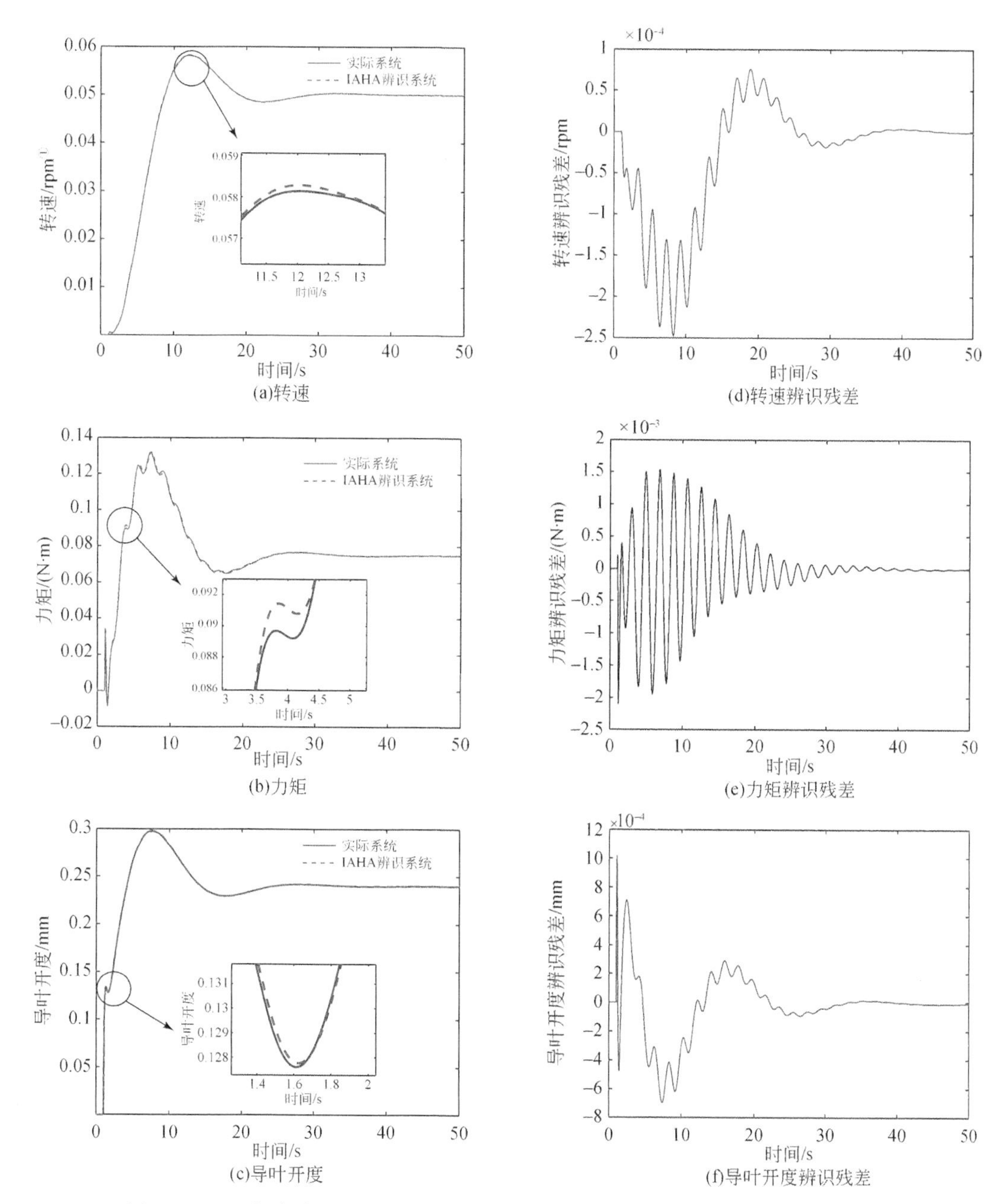

图3-12　5%频率扰动工况下实际系统与基于IAHA的辨识系统各环节输出对比

① 1rpm＝1round/min。

图 3-13 为不同优化算法在 5% 频率扰动工况下的适应度函数收敛曲线。适应度函数值越小说明算法的搜索能力越强，找到全局最优解的可能性也就越大。从图中可以看出，PSO 算法的适应度函数值最大，并且在迭代 100 次时提前收敛，适应度函数值趋于稳定，陷入局部最优。GSA 和 ALO 在迭代 120 次时适应度函数值趋于稳定，陷入局部最优。与这些算法相比，IAHA 算法的适应度函数值最小。虽然一开始 AHA 和 IAHA 的适应度函数值相差不大，但最后 IAHA 相比 AHA 有较快下降趋势，最终 IAHA 的适应度函数值最小，这反映了 IAHA 具有全局优化的能力。

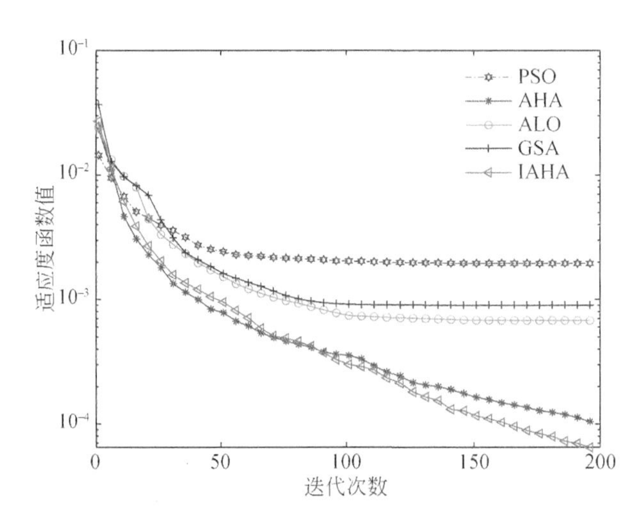

图 3-13　5% 频率扰动工况下不同优化算法适应度函数收敛曲线

图 3-14 为 5% 频率扰动工况下不同优化算法之间各环节输出对比，并对其局部进行了放大。从图中可以直观地看出，每一种算法与实际系统之间的误差，IAHA 的曲线与实际系统的曲线最为接近，吻合度更高，也表明了 IAHA 的辨识准确性更高。与其他算法相比，PSO、GSA 和 ALO 的输出响应曲线与实际系统曲线相距较远，表现出较大的误差。因此，IAHA 算法在 5% 频率扰动工况下具有更高的辨识精度，更能准确地描述实际系统的动态响应特性。

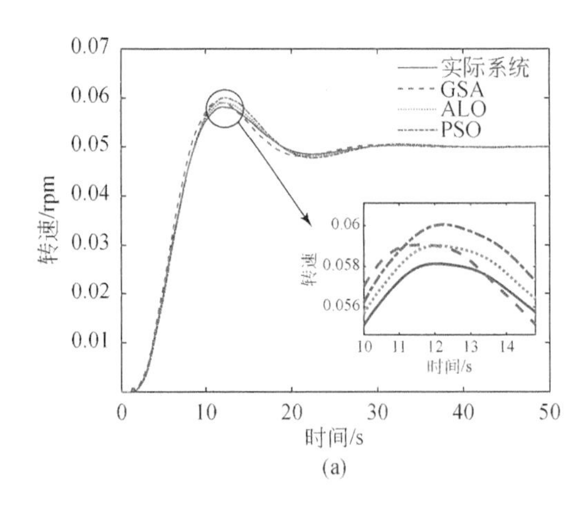

(a)

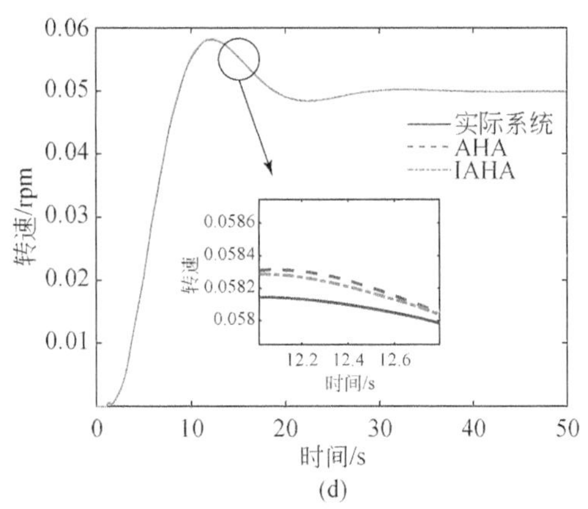

(d)

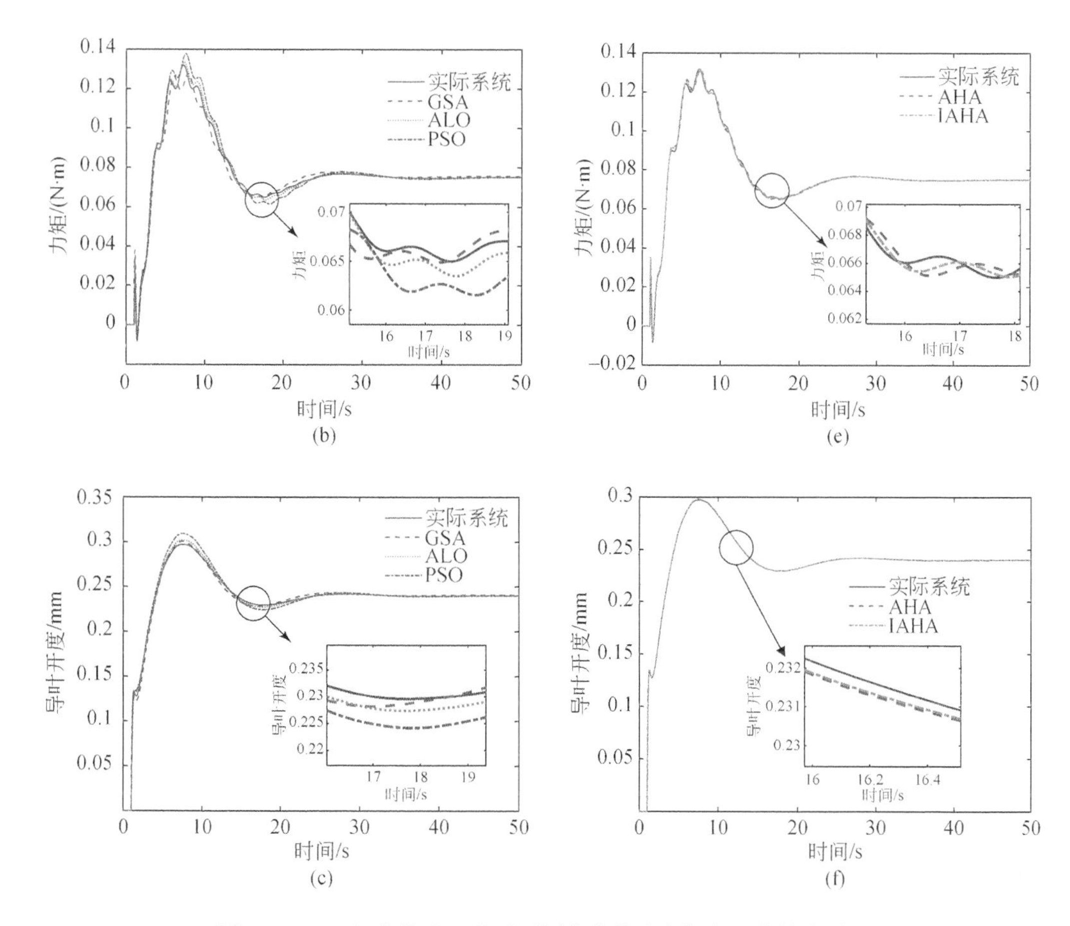

图3-14 5%频率扰动工况下不同优化算法之间各环节输出对比

2）10%频率扰动

表3-5显示了10%频率扰动工况下不同优化算法的辨识结果。从参数误差看出，IAHA的参数 T_y 误差仅次于AHA，而其余6个参数与其他4种算法相比，IAHA的参数误差最小。这表明IAHA算法可以高精度地辨识该模型。从平均参数误差看出，IAHA最小，说明它的整体辨识精度最高，稳定性更强，可以更准确地描述实际系统的动态特性。图3-15为10%频率扰动工况下实际系统与基于IAHA的辨识系统各环节输出对比。其中(a)～(c)分别为机组转速、力矩输出和导叶开度输出的动态响应对比图，并对其进行了局部放大。从图中可以看出，IAHA算法得到的结果与实际系统结果非常接近。此外，(d)～(f)分别是机组转速、力矩和导叶开度与实际系统动态响应之间存在的辨识残差。可以看出，在50s时，IAHA算法得到的辨识残差非常小，表明该算法具有较高的辨识精度和稳定性。因此可以得出结论：IAHA算法在辨识这种模型方面具有高精度和稳定性，同时也证明了切比雪夫混沌映射和莱维飞行有效地提高了算法的搜索性和收敛性。

表 3-5　10%频率扰动工况下不同优化算法的辨识结果

参数	实际值	PSO		ALO		GSA		AHA		IAHA	
		θ	PE	θ	PE	θ	PE	θ	PE	θ	PE
K_p	3.21	3.6584	0.1397	3.3515	0.0441	2.9985	0.0659	3.1554	0.0170	**3.2077**	0.0007
K_i	2.68	2.6507	0.0109	2.7020	0.0082	2.7975	0.0438	2.7050	0.0093	**2.690**	0.0049
K_d	1.24	1.3532	0.0913	1.5432	0.2445	1.6201	0.3065	1.3087	0.0554	**1.2974**	0.0463
T_y	0.30	0.5116	0.7053	0.4603	0.5343	0.3820	0.2733	**0.3084**	0.0280	0.3155	0.0517
h_w	1.00	0.9294	0.0706	0.9430	0.057	0.9297	0.0703	0.9657	0.0343	**0.9769**	0.0231
T_r	1.50	1.6058	0.0705	1.6508	0.1005	1.7389	0.1593	1.5303	0.0202	**1.5269**	0.0179
T_A	8.86	9.4549	0.0671	8.8340	0.0029	7.6352	0.1382	8.8043	0.0063	**8.8533**	0.0008
e_g	1.50	1.4962	0.0025	**1.5001**	0.00007	1.5108	0.0072	1.5009	0.0006	1.5007	0.0005
APE		0.1447		0.1240		0.1330		0.0214		**0.0182**	

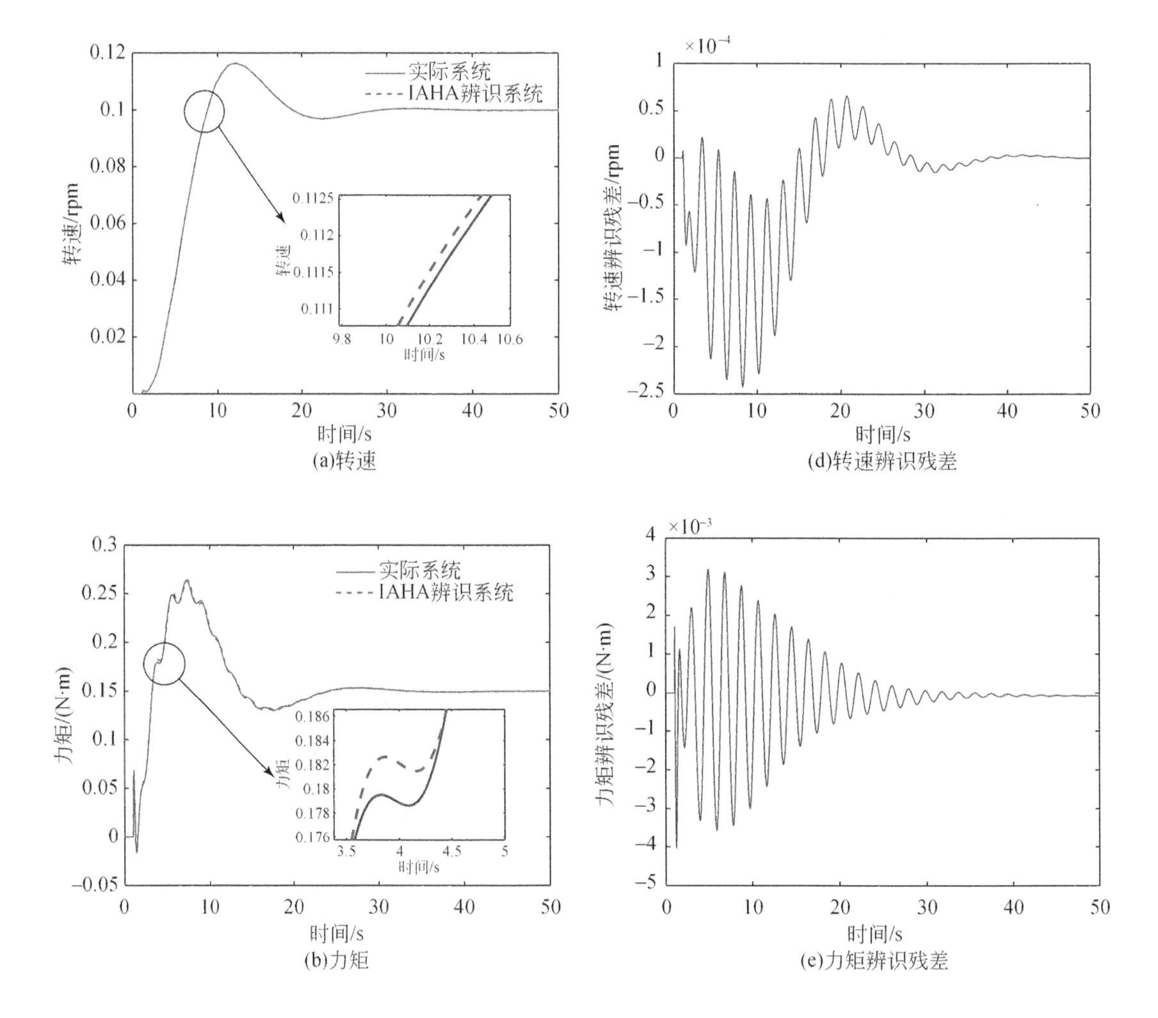

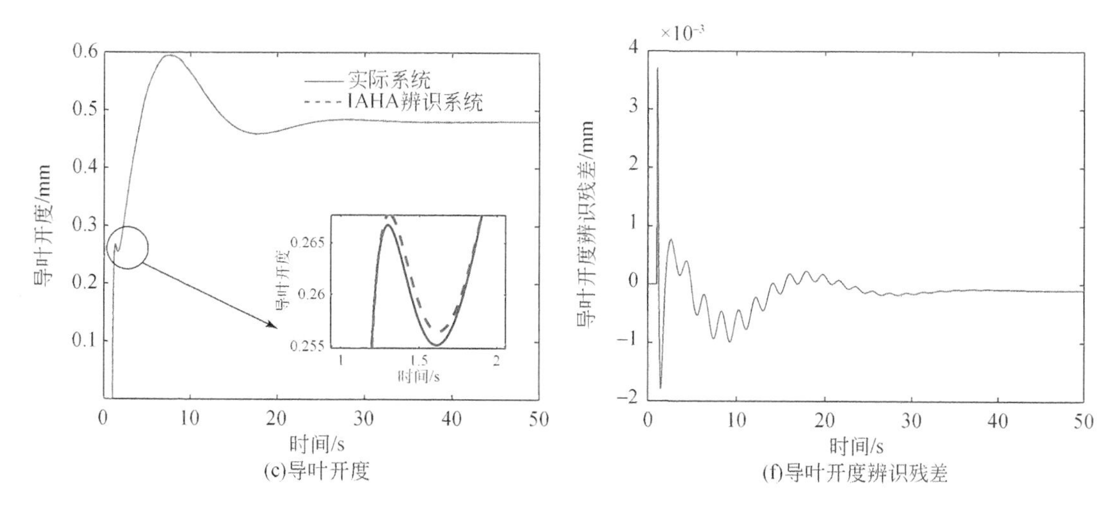

图 3-15 10%频率扰动工况下实际系统与基于 IAHA 的辨识系统各环节输出对比

图 3-16 展示了 10%频率扰动工况下不同优化算法的适应度函数收敛曲线，其中 PSO 的适应度函数值最大，并迭代到 100 次时提前收敛，适应度函数值趋于稳定，陷入局部最优；GSA 和 ALO 在迭代到 120 次时适应度函数值趋于稳定，陷入局部最优；AHA 与 IAHA 最开始时适应度函数值相差不大，但是最终 IAHA 的适应度函数值最小，因为 IAHA 最后呈较快下降趋势，这反映了 IAHA 具有全局优化的能力。图 3-17 为在 10%频率扰动工况下不同优化算法之间各环节输出对比，并对其局部进行了放大，可以直观地看出，IAHA 曲线与实际系统曲线最为接近，吻合度更高。这也表明了 IAHA 的辨识准确性更高。

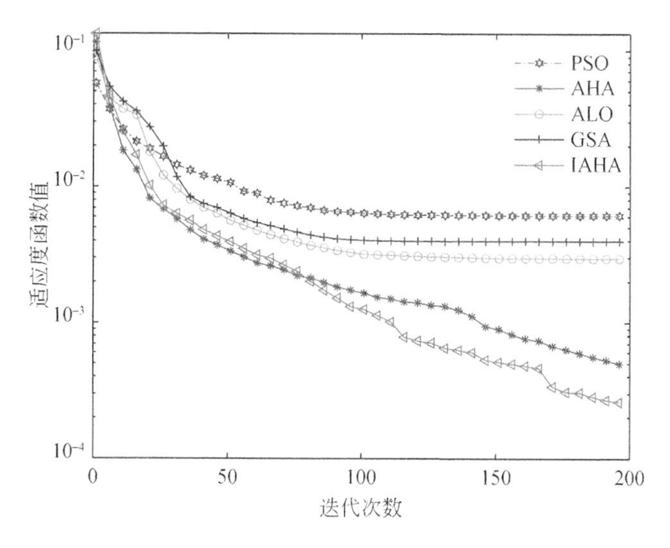

图 3-16 10%频率扰动工况下不同优化算法的适应度函数收敛曲线

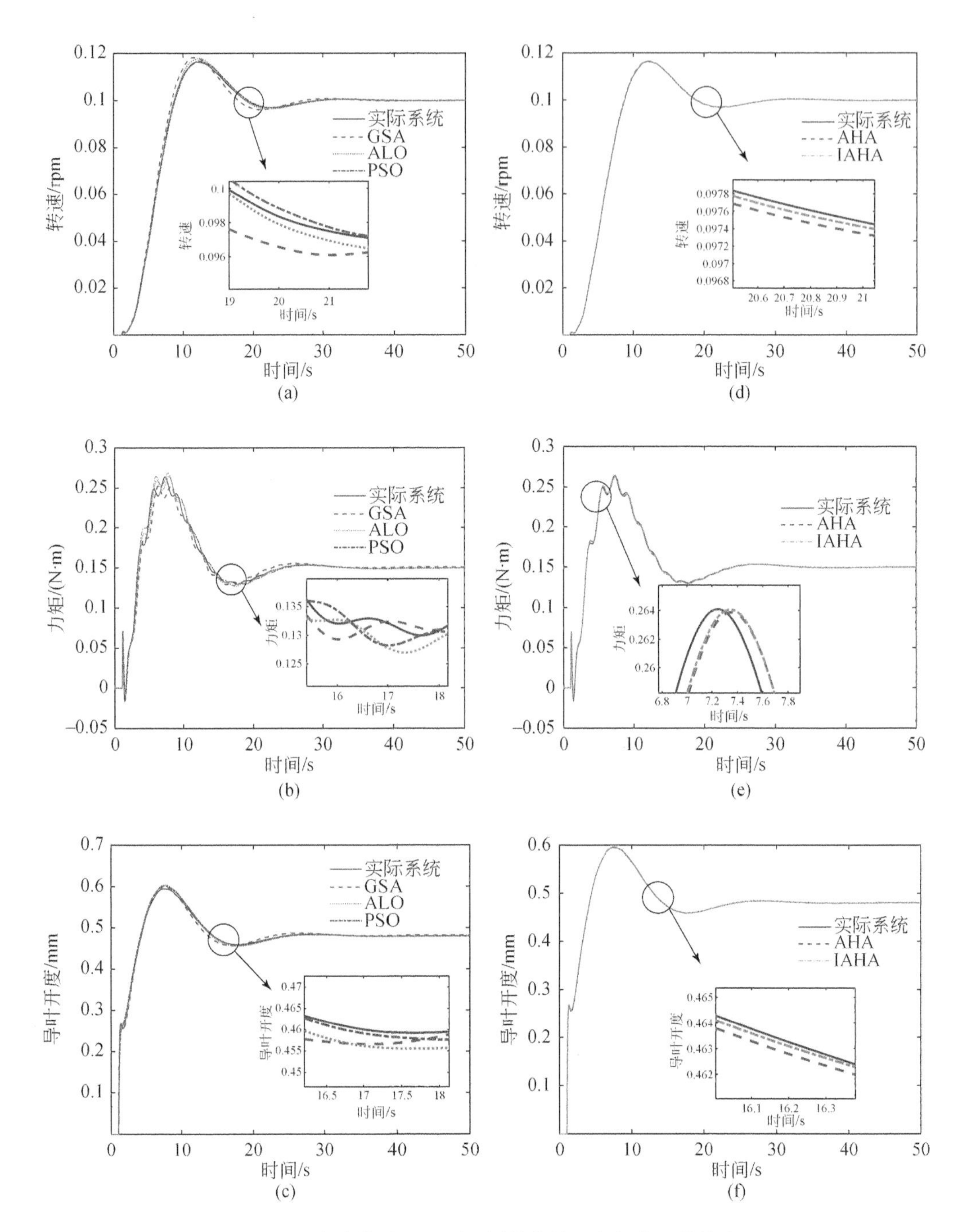

图 3-17　10%频率扰动工况下不同优化算法之间各环节输出对比

3）15%频率扰动

表 3-6 中的参数误差表明，在 15%频率扰动工况下，IAHA 算法待辨识参数的精度明显高于 PSO、GSA、ALO 和 AHA 算法，其平均参数误差仅为 1.28%，与实际值接近，证明了 IAHA 算法的高精度辨识能力。图 3-18 中展示了 IAHA 算法与其他四种算法在 15%频

率扰动工况下各环节输出的对比，并对其局部进行放大。从图（d）~（f）可以看到，转速、力矩和导叶开度辨识残差最终趋向于0，表明 IAHA 算法辨识得出的曲线与实际系统曲线的吻合度高，也证明了 IAHA 的辨识精度高。

表 3-6 15%频率扰动工况下不同优化算法的辨识结果

参数	实际值	PSO		ALO		GSA		AHA		IAHA	
		θ	PE	θ	PE	θ	PE	θ	PE	θ	PE
K_p	3.21	3.4168	0.0644	3.3238	0.0355	2.8265	0.1195	3.1421	0.0241	**3.1651**	0.0140
K_i	2.68	2.7092	0.0109	2.7251	0.0168	2.9182	0.0889	2.7138	0.0126	**2.7067**	0.0100
K_d	1.24	1.7219	0.3886	1.5115	0.2190	1.5179	0.2241	1.3120	0.0581	**1.2893**	0.0398
T_y	0.30	0.4489	0.4963	0.4500	0.500	0.3286	0.0953	0.3075	0.0250	**0.3009**	0.0030
h_w	1.00	1.1061	0.1061	1.0637	0.0637	0.9323	0.0677	0.9701	0.0299	**0.9869**	0.0131
T_r	1.50	1.4625	0.025	1.4911	0.0059	1.6037	0.0691	1.5165	0.0110	**1.5032**	0.0021
T_A	8.86	8.7925	0.0076	8.684	0.0199	7.8136	0.1181	8.7751	0.0096	**8.7994**	0.0068
e_g	1.50	1.4993	0.0005	1.4996	0.0003	1.5038	0.0025	1.5014	0.0009	**1.4997**	0.0002
APE		0.1406		0.1076		0.0982		0.0211		**0.0128**	

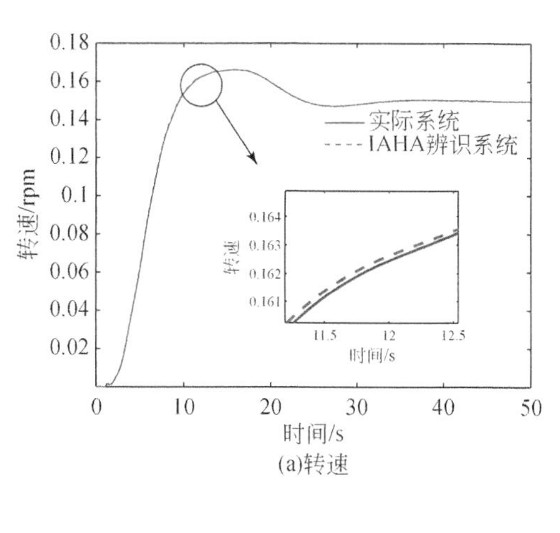

(a)转速

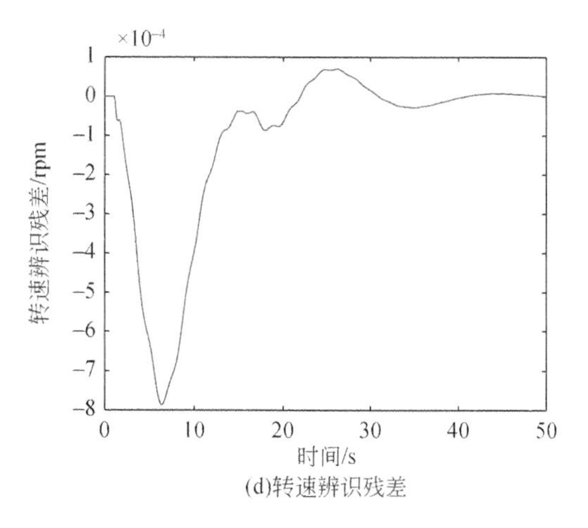

(d)转速辨识残差

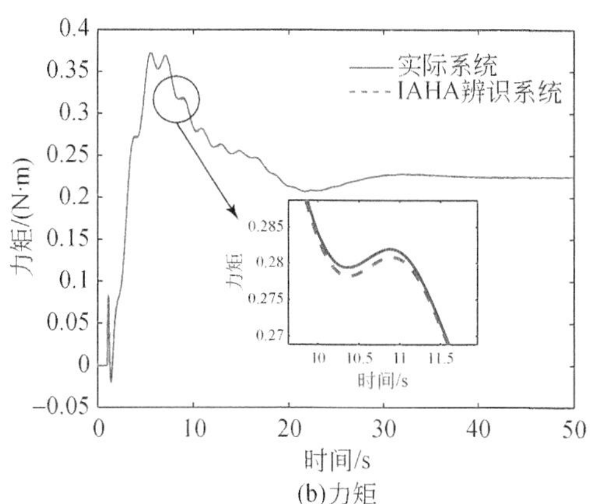

(b)力矩

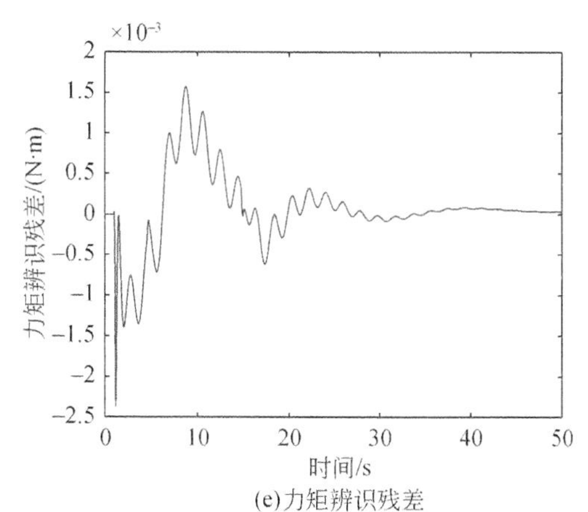

(e)力矩辨识残差

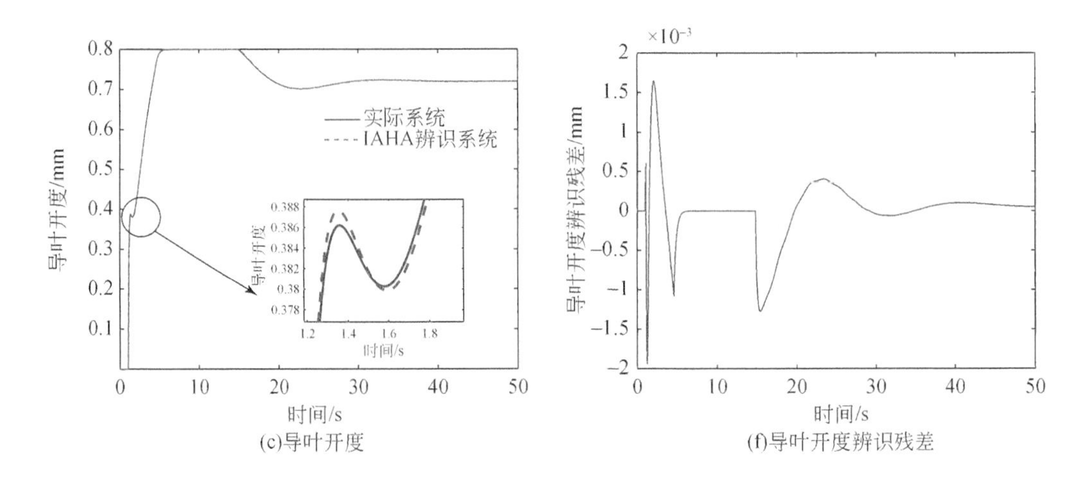

图 3-18　15% 频率扰动工况下实际系统与辨识系统各环节输出对比

图 3-19 为在 15% 频率扰动工况下采用不同优化算法参数辨识得到的适应度函数曲线。由图可知，随着迭代次数的增加，到 120 次时，PSO、GSA 和 ALO 基本趋于稳定，而 IAHA 算法呈下降趋势，并且有与其他 4 种算法相比有更小的适应度函数值，表明它具有更好的全局搜索能力。图 3-20 的各环节输出对比图也进一步佐证了 IAHA 算法的优越性，可以看到 IAHA 算法辨识出来的系统输出与实际系统输出的吻合度最高，表明其辨识精度更高。

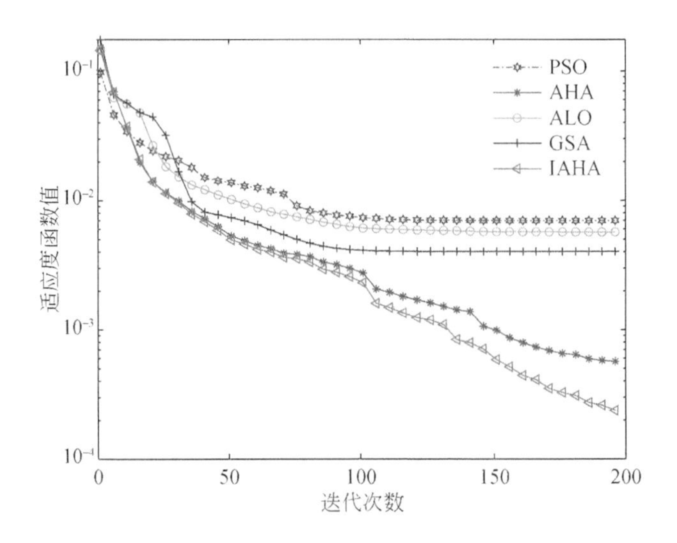

图 3-19　15% 频率扰动工况下不同优化算法适应度函数收敛曲线

2. 负荷扰动

1）5% 负荷扰动

表 3-7 展示了不同优化算法在 5% 负荷扰动工况下的辨识结果。由表可知，从参数误

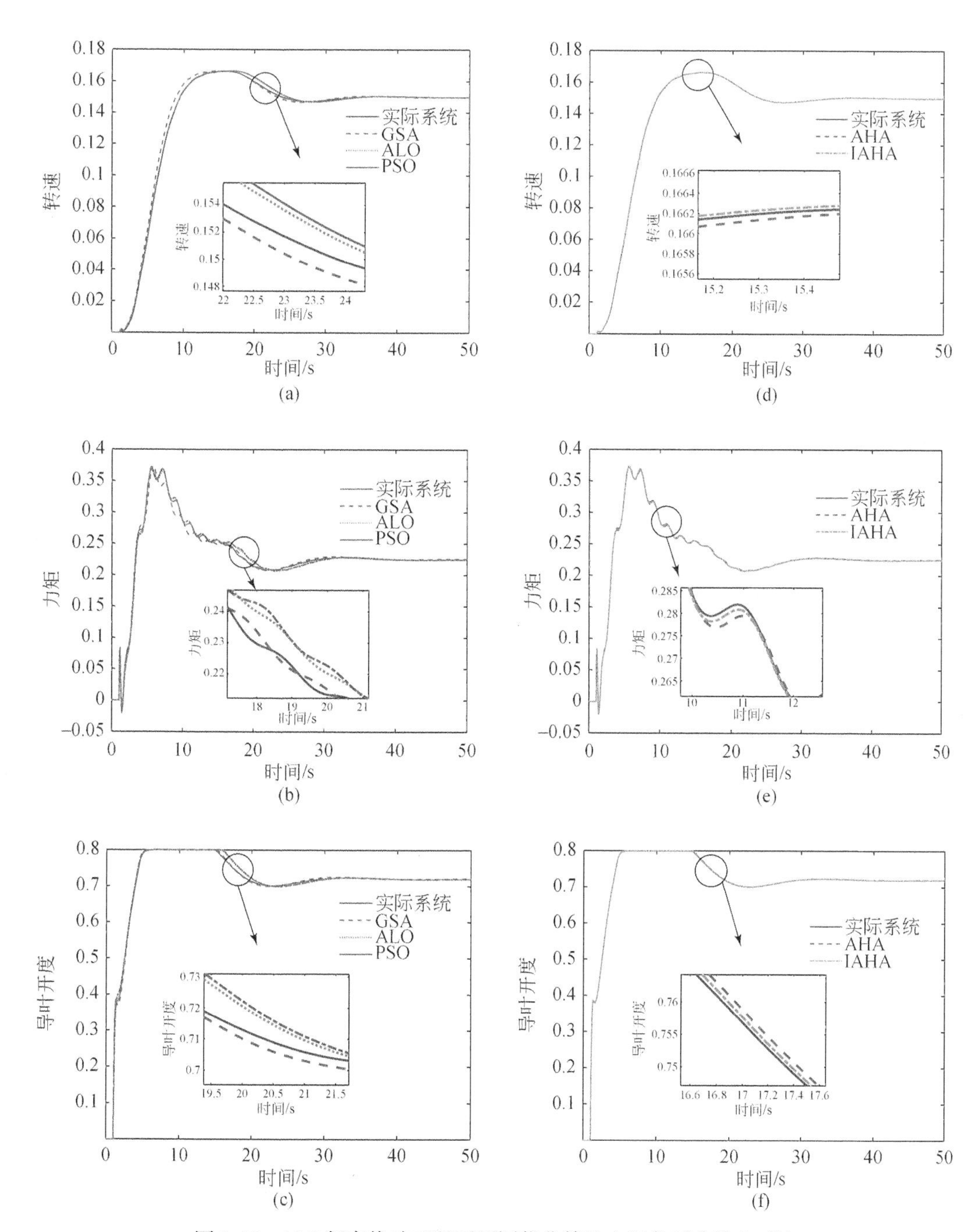

图3-20　15%频率扰动工况下不同优化算法之间各环节输出对比

差（PE）可以看出，IAHA对于K_i的辨识结果略差于GSA，在对参数h_w和T_r辨识的结果中，ALO最优。但是在PSO、GSA、ALO和AHA算法中，T_y的PE相对较大，而在IAHA算法中PE仅为0.0853。虽然IAHA算法有三个待辨识参数不是最优，但是IAHA算法的平均参数误差APE最小，为6.68%，证明了它的整体辨识精度高。图3-21为5%负荷扰动工况下实际系统与辨识系统在机组转速、力矩和导叶开度的输出动态响应对比，并对比进行了局部放大。从图 3-21（d）~（f）中可以看到，各环节的输出对比图的辨识残差最终都趋向于 0，表明实际系统模型与辨识系统模型输出的动态响应结果相一致，也证明了算法 IAHA 的准确性极高。

表 3-7　5%负荷扰动工况下不同优化算法的辨识结果

参数	实际值	PSO		ALO		GSA		AHA		IAHA	
		θ	PE	θ	PE	θ	PE	θ	PE	θ	PE
K_p	3.21	3.6731	0.1443	3.5912	0.1190	2.7065	0.1569	3.2798	0.0217	**3.1961**	0.0043
K_i	2.68	3.096	0.1552	2.7916	0.0416	**2.6804**	0.0001	2.7269	0.0175	2.7328	0.0197
K_d	1.24	1.4802	0.1937	1.5322	0.2356	1.5657	0.2627	1.5179	0.2241	**1.4177**	0.1433
T_y	0.30	0.4154	0.3847	0.4533	0.511	0.4445	0.4817	0.3831	0.2770	**0.3256**	0.0853
h_w	1.00	1.0721	0.0721	**0.9450**	0.0550	0.8894	0.1106	0.8501	0.1499	0.8780	0.122
T_r	1.50	1.3589	0.0941	**1.6311**	0.0874	1.7563	0.1709	1.7908	0.1913	1.7084	0.1389
T_A	8.86	9.8989	0.1173	9.2931	0.0489	7.8696	0.1118	8.8711	0.0013	**8.8784**	0.0021
e_g	1.50	1.8166	0.2112	1.5504	0.0366	1.5716	0.447	1.5258	0.0172	**1.5287**	0.0191
APE		0.1716		0.1415		0.1678		0.1125		**0.0668**	

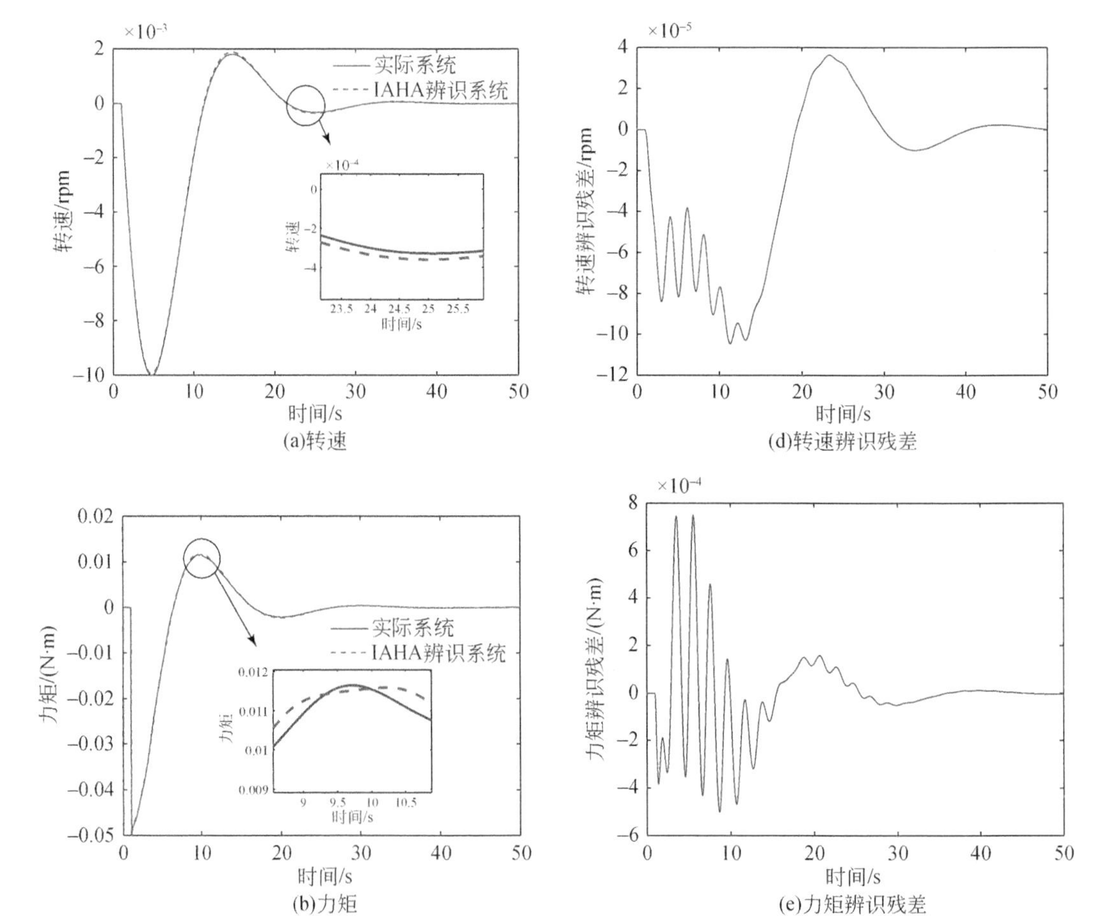

(a)转速　(d)转速辨识残差

(b)力矩　(e)力矩辨识残差

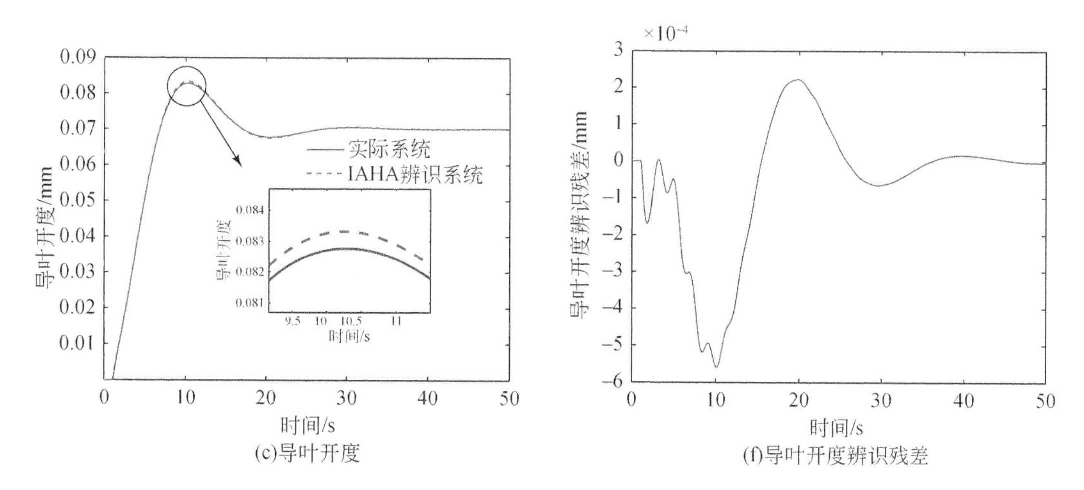

(c)导叶开度　(f)导叶开度辨识残差

图3-21　5%负荷扰动工况下实际系统与辨识系统各环节输出对比

图3-22为5%负荷扰动工况下不同优化算法适应度函数的收敛曲线。PSO、GSA和ALO在100次时几乎陷入了局部最优，而IAHA的适应度函数值最小，说明IAHA有更快的收敛速度和跳出局部最优的能力，也证明了它的精确性高。图3-23展示了5%负荷扰动工况下不同优化算法之间各环节输出对比。从图中可以直观地看出不同算法的曲线与实际曲线的区别，也看出IAHA与实际曲线极为吻合。

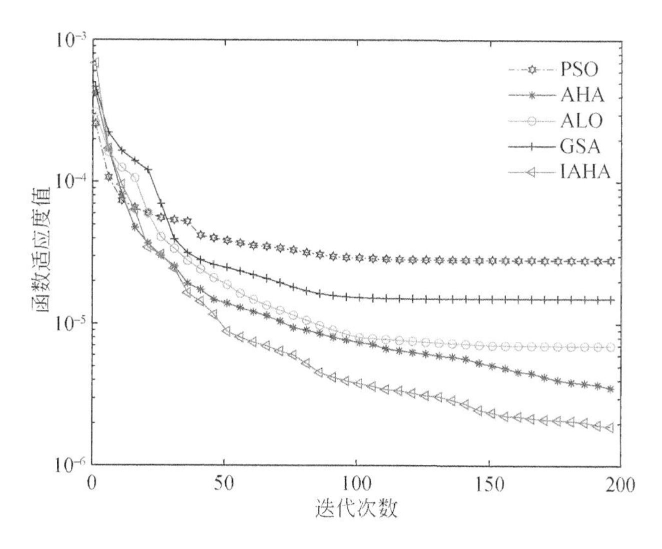

图3-22　5%负荷扰动工况下不同优化算法适应度函数的收敛曲线

2）10%负荷扰动

在10%的负荷扰动下不同优化算法辨识得到的模型参数结果如表3-8所示，从参数误差（PE）上来看，虽然有三个辨识参数不是最好，但也仅为次之。IAHA与AHA相比，仅有一个参数T_A辨识比AHA差，但是仅差0.0014，从平均参数误差（APE）来看，IAHA最小，表明切比雪夫混沌映射提高了全局搜索能力和莱维飞行避免了过早收敛，最

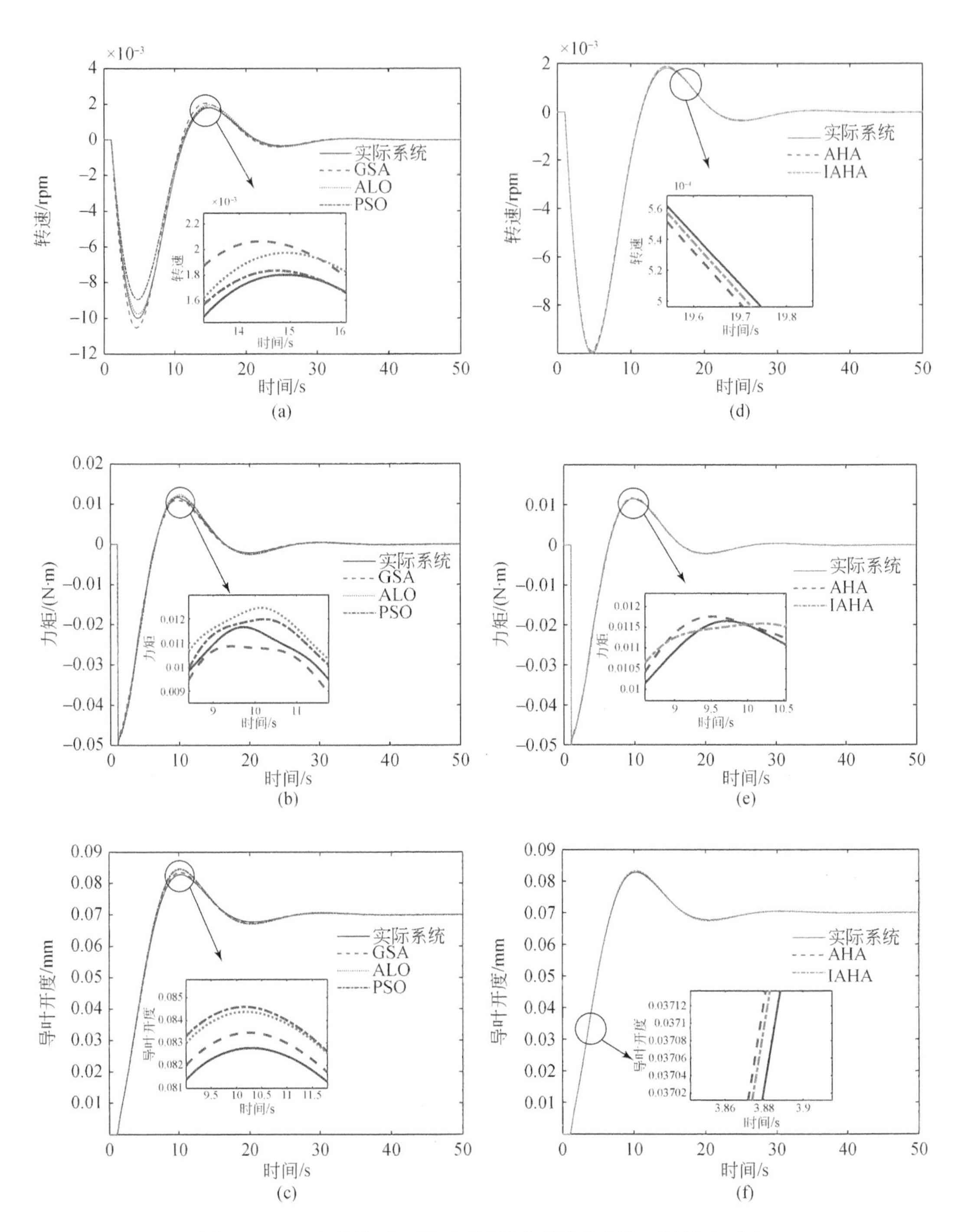

图 3-23　5%负荷扰动工况下不同优化算法之间各环节输出对比

终说明了整体辨识精度高。图 3-24 呈现了 10% 负荷扰动工况下实际系统与辨识系统各环节输出对比，(a)～(c) 对局部进行了放大。(d)～(f) 为各环节输出对比的辨识残差，虽然最开始残差不断波动相差加大，但在最后可以看出误差极小，趋向于0。

在10%的负荷扰动工况下PSO、GSA、ALO、AHA和IAHA算法参数辨识得到的适应度函数收敛曲线如图3-25所示。由图可以看出，PSO、ALO和GSA在到达一定迭代次数时陷入局部最优，而IAHA一直呈下降趋势，并且适应度函数最小，证明了运用切比雪夫混沌映射和莱维飞行对AHA算法改进策略的有效性。

表3-8　10%负荷扰动工况下不同优化算法的辨识结果

参数	实际值	PSO		ALO		GSA		AHA		IAHA	
		θ	PE	θ	PE	θ	PE	θ	PE	θ	PE
K_p	3.21	3.6148	0.1261	3.6940	0.1508	2.6796	0.1652	3.3296	0.0373	**3.2696**	0.0186
K_i	2.68	2.8508	0.0637	2.8174	0.0513	**2.6687**	0.0042	2.7453	0.0244	2.7305	0.0188
K_d	1.24	1.6491	0.3299	1.5561	0.2549	1.7512	0.4126	1.5782	0.2727	**1.4464**	0.1665
T_y	0.30	0.5413	0.8043	0.4939	0.6463	0.5132	0.7107	0.4138	0.3793	0.3532	0.1773
h_w	1.00	**1.0673**	0.0673	0.9258	0.0742	0.9078	0.0922	0.8043	0.1957	0.8263	0.1737
T_r	1.50	**1.3998**	0.0668	1.6102	0.0735	1.7651	0.1767	1.8453	0.2302	1.8141	0.2094
T_A	8.86	9.1778	0.0359	9.4124	0.0623	7.657	0.1357	**8.9129**	0.0060	8.9257	0.0074
e_g	1.50	1.6204	0.0803	1.5644	0.0429	1.5827	0.0551	1.5348	0.0232	**1.5197**	0.0131
APE		0.1968		0.1695		0.2191		0.1461		**0.0981**	

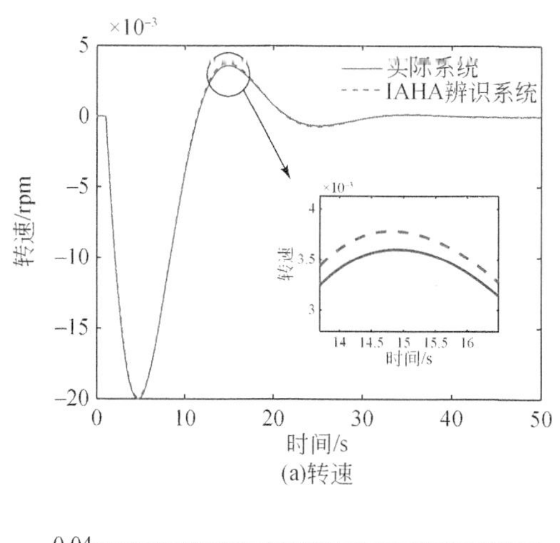

(a)转速

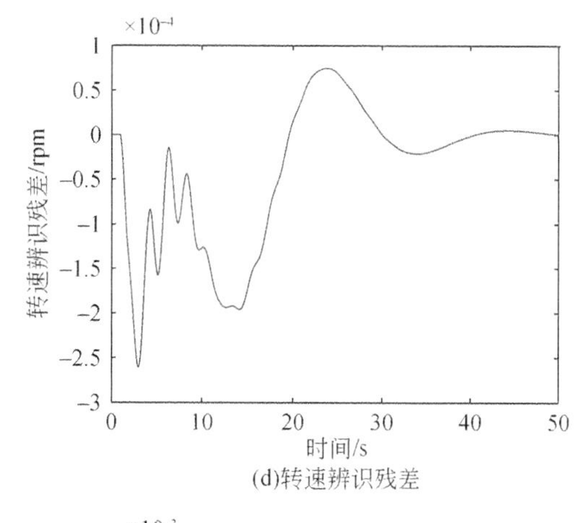

(d)转速辨识残差

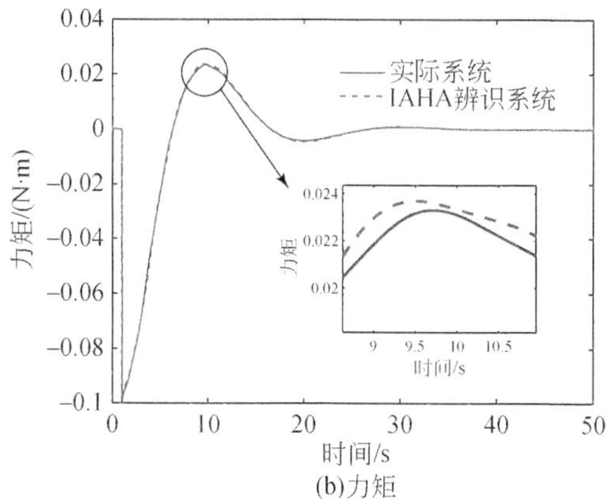

(b)力矩

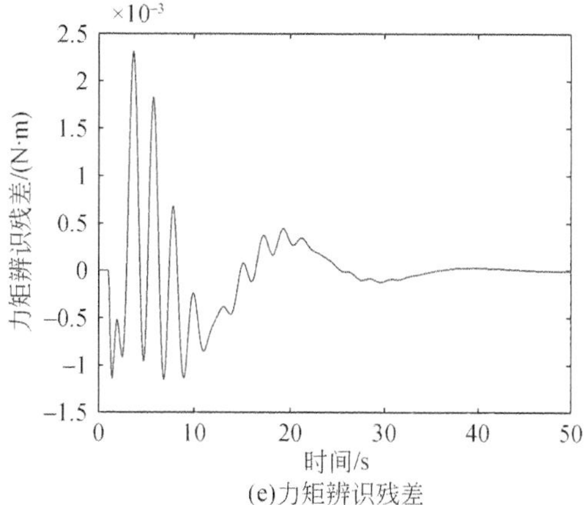

(e)力矩辨识残差

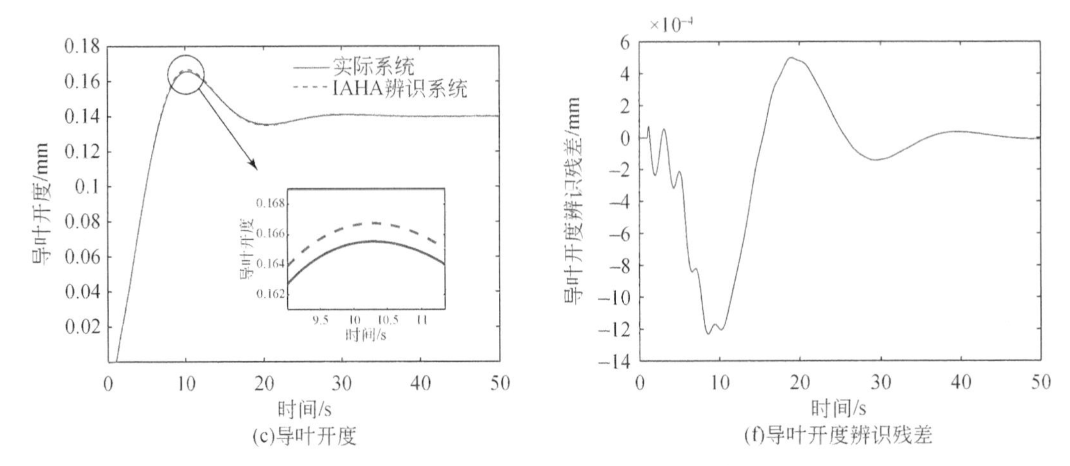

(c)导叶开度　　(f)导叶开度辨识残差

图 3-24　10%负荷扰动工况下实际系统与辨识系统各环节输出对比

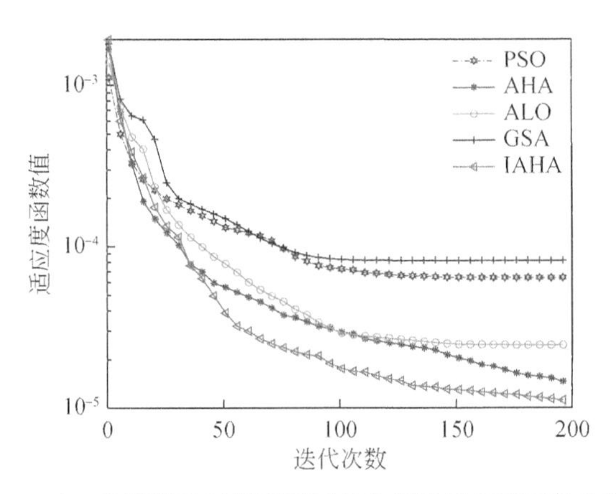

图 3-25　10%负荷扰动工况下不同优化算法适应度函数收敛曲线

图 3-26 展示了 10%负荷扰动工况下不同优化算法之间各环节的输出对比，可以看出这 5 种智能优化算法在辨识系统中所输出的动态响应曲线与实际系统输出的动态响应曲线之间的误差，其中，IAHA 曲线与实际曲线最为吻合，再次证明了 IAHA 辨识精度高。

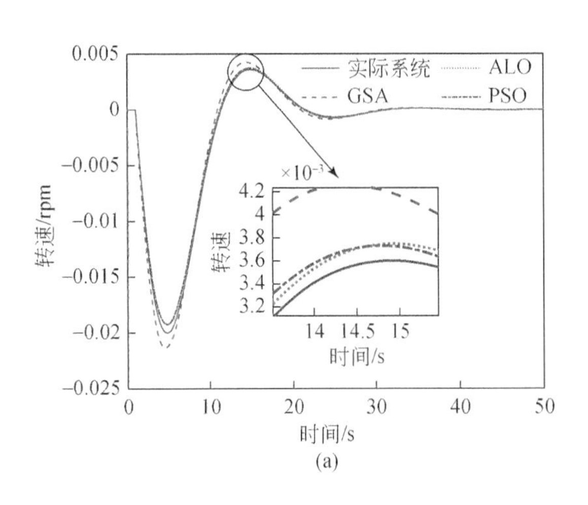

(a)

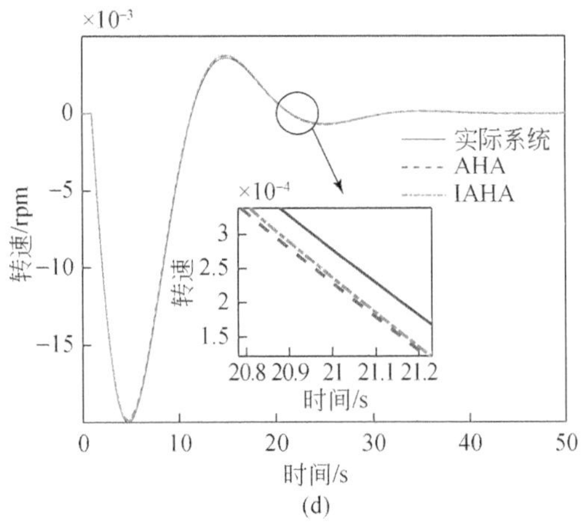

(d)

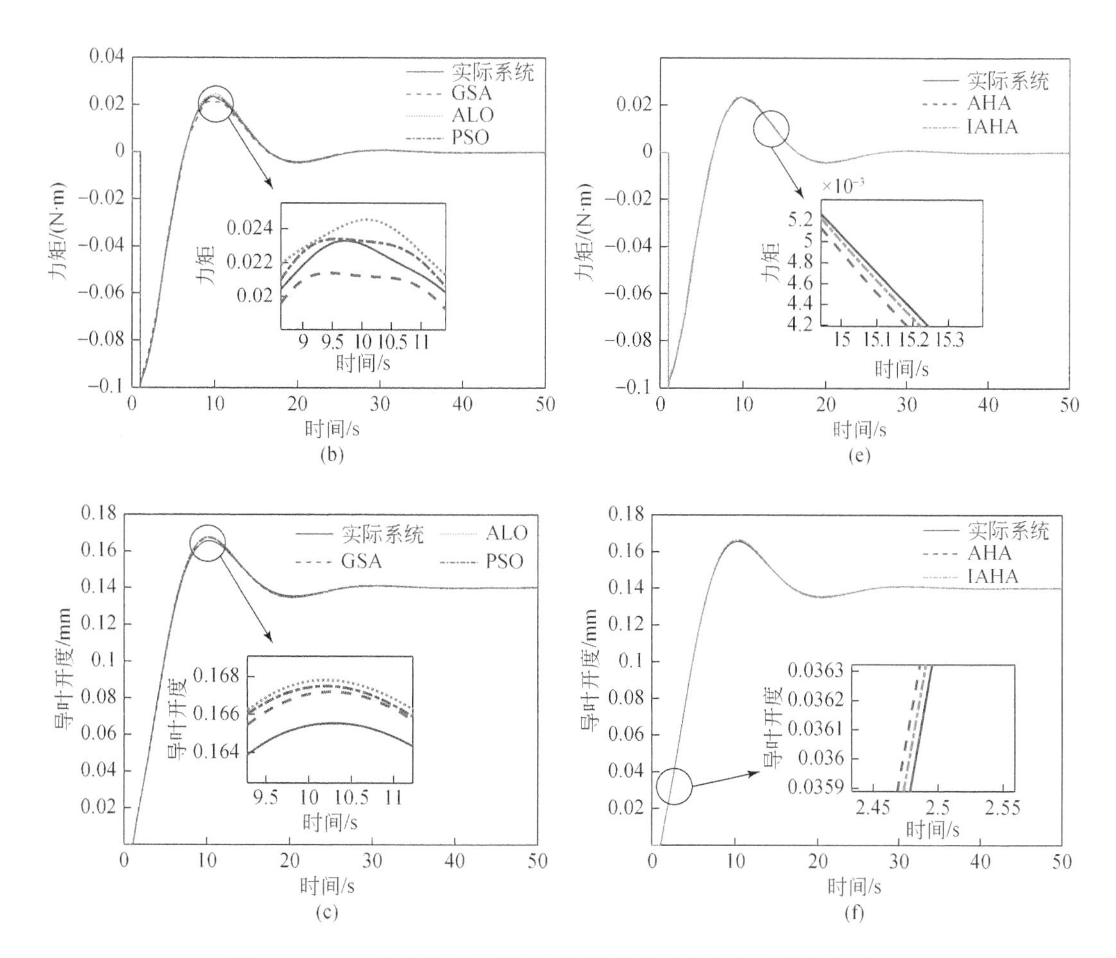

图3-26 10%负荷扰动工况下不同优化算法之间各环节输出对比

3）15%负荷扰动

表3-9为15%负荷扰动工况下不同优化算法的辨识结果。在平均参数误差（APE）中，IAHA的误差最小，说明辨识模型与实际模型吻合度很高。在5%、10%和15%的负荷扰动工况下，根据自身算法比较，GSA辨识的K_i精度最高，h_w、T_r在ALO算法中辨识较为准确。从PSO、GSA、ALO和AHA中可以看出T_y的参数误差相对较大，但在IAHA中参数误差（PE）仅为0.0853、0.1773和0.0527，并且IAHA与其他算法相比APE一直为最小。综上所述，在负荷扰动工况下IAHA算法对非线性抽水蓄能机组调节系统的参数有较高精度的辨识。

表3-9 15%负荷扰动工况下不同优化算法的辨识结果

参数	实际值	PSO		ALO		GSA		AHA		IAHA	
		θ	PE	θ	PE	θ	PE	θ	PE	θ	PE
K_p	3.21	3.6814	0.1469	3.6164	0.1266	2.8032	0.1267	3.3266	0.0363	**3.241**	0.0097
K_i	2.68	3.0943	0.1546	2.7985	0.0442	**2.6515**	0.0106	2.7491	0.0258	2.7654	0.0319

续表

参数	实际值	PSO		ALO		GSA		AHA		IAHA	
		θ	PE	θ	PE	θ	PE	θ	PE	θ	PE
K_d	1.24	1.4319	0.1548	1.5288	0.2329	1.6974	0.3689	1.5015	0.2109	**1.4209**	0.1459
T_y	0.30	0.4120	0.3733	0.4510	0.5033	0.5948	0.9827	0.3695	0.2317	**0.3158**	0.0527
h_w	1.00	1.0981	0.0981	**0.9241**	0.0759	0.9049	0.0951	0.7841	0.2159	0.8413	0.1587
T_r	1.50	1.3319	0.1121	**1.6463**	0.0975	1.7702	0.1801	1.8768	0.2512	1.7819	0.1879
T_A	8.86	9.9205	0.1197	9.3405	0.0542	7.688	0.1323	9.0009	0.0159	**8.9915**	0.0148
e_g	1.50	1.8168	0.2112	1.5522	0.0348	1.5604	0.0403	**1.5212**	0.0141	1.5466	0.0311
APE		0.1713		0.1462		0.2330		0.1252		**0.0791**	

图 3-27 展示了在 15% 负荷扰动工况下，实际系统与基于 IAHA 算法的辨识系统的各环节输出对比，同时还对局部进行了放大。从图中可以看出，IAHA 算法辨识出的模型与实际模型的输出总体相近。在图 3-27（d）~（f）中，分别为机组转速、力矩和导叶开度输出的辨识残差，可以看到，辨识残差最终与 0 相近，表明实际系统模型与辨识系统模型的输出动态响应结果相一致，也证明了 IAHA 算法的准确性相对较高。

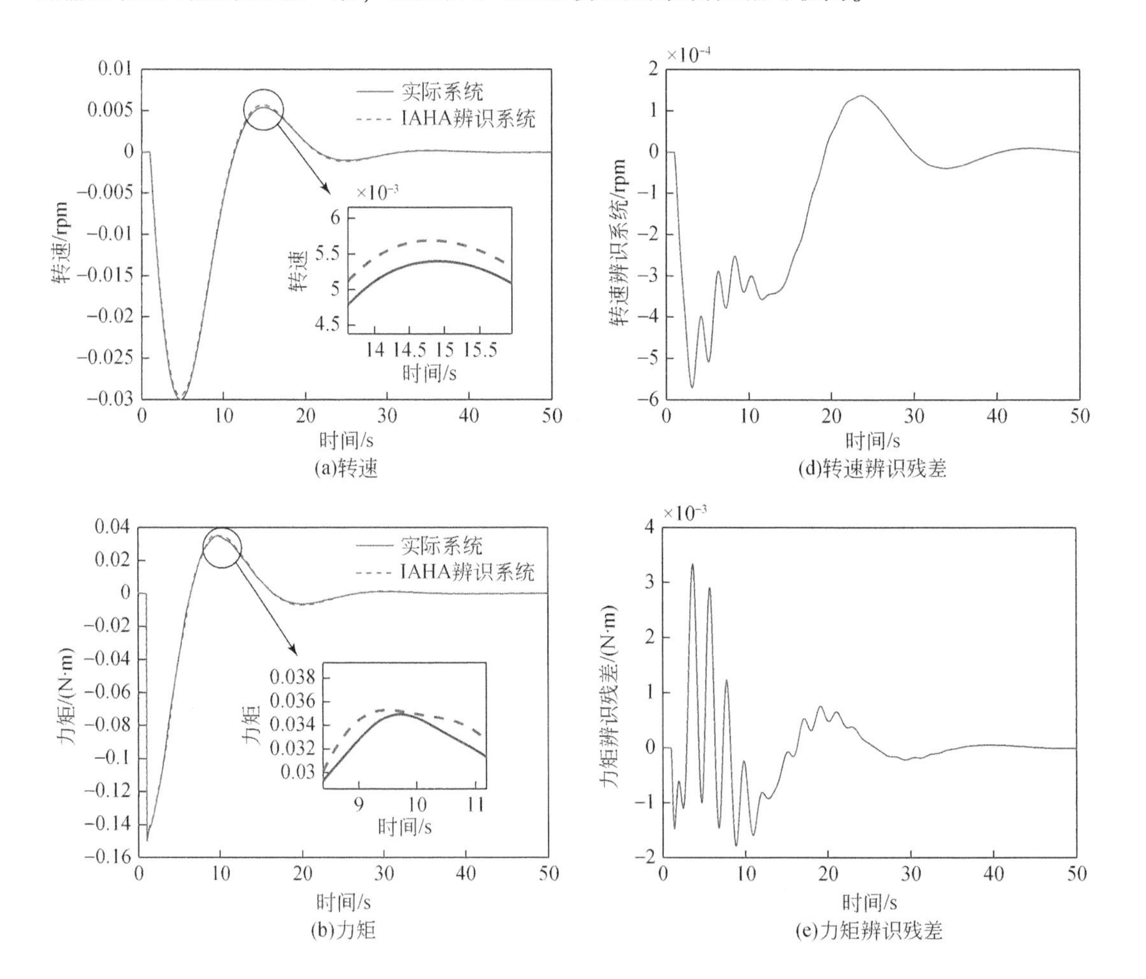

(a)转速

(d)转速辨识残差

(b)力矩

(e)力矩辨识残差

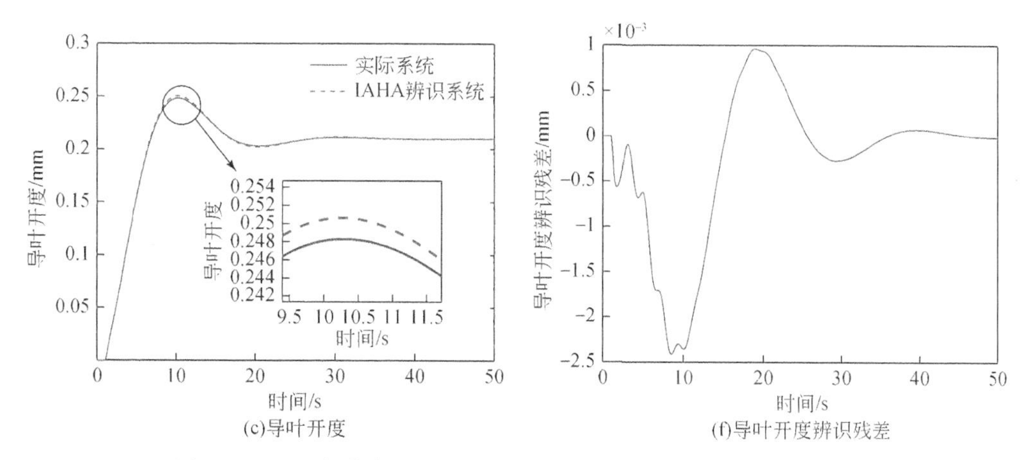

图 3-27　15% 负荷扰动工况下实际系统与辨识系统各环节输出对比

图 3-28 为 15% 负荷扰动工况下不同优化算法适应度函数收敛曲线，可以看出 IAHA 与其他四种算法相比，有跳出局部最优的能力，并且 IAHA 的适应度函数值最小，证明了它的误差最小，辨识精度最高。图 3-29 为 15% 负荷扰动工况下不同算法之间各环节输出对比，可以看出 IAHA 进行辨识得到的辨识系统各环节的输出极为吻合。

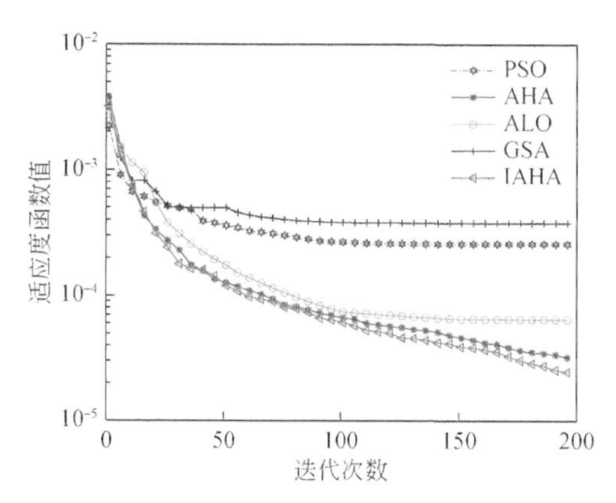

图 3-28　15% 负荷扰动工况下不同优化算法适应度函数收敛曲线

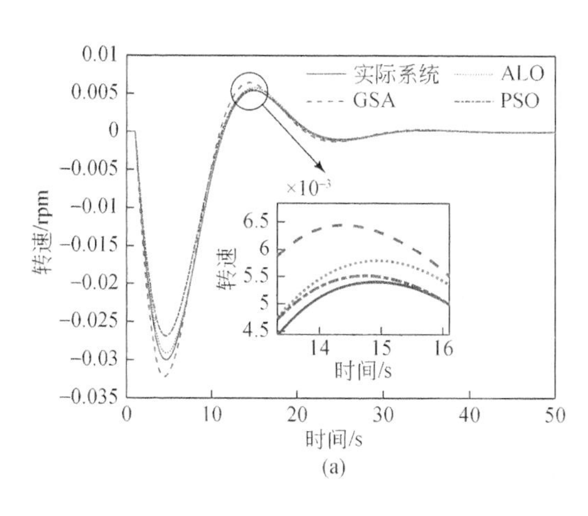

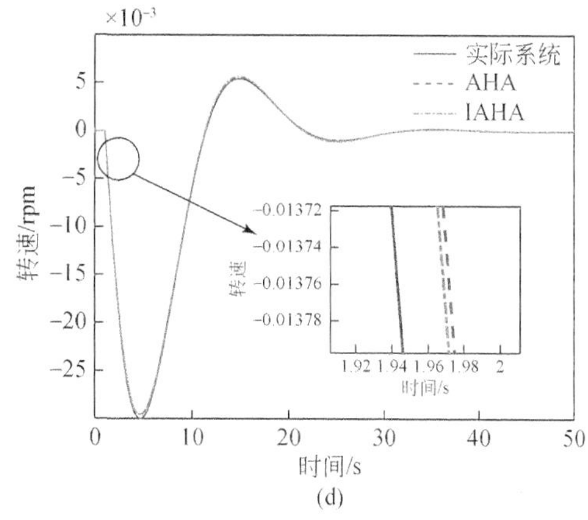

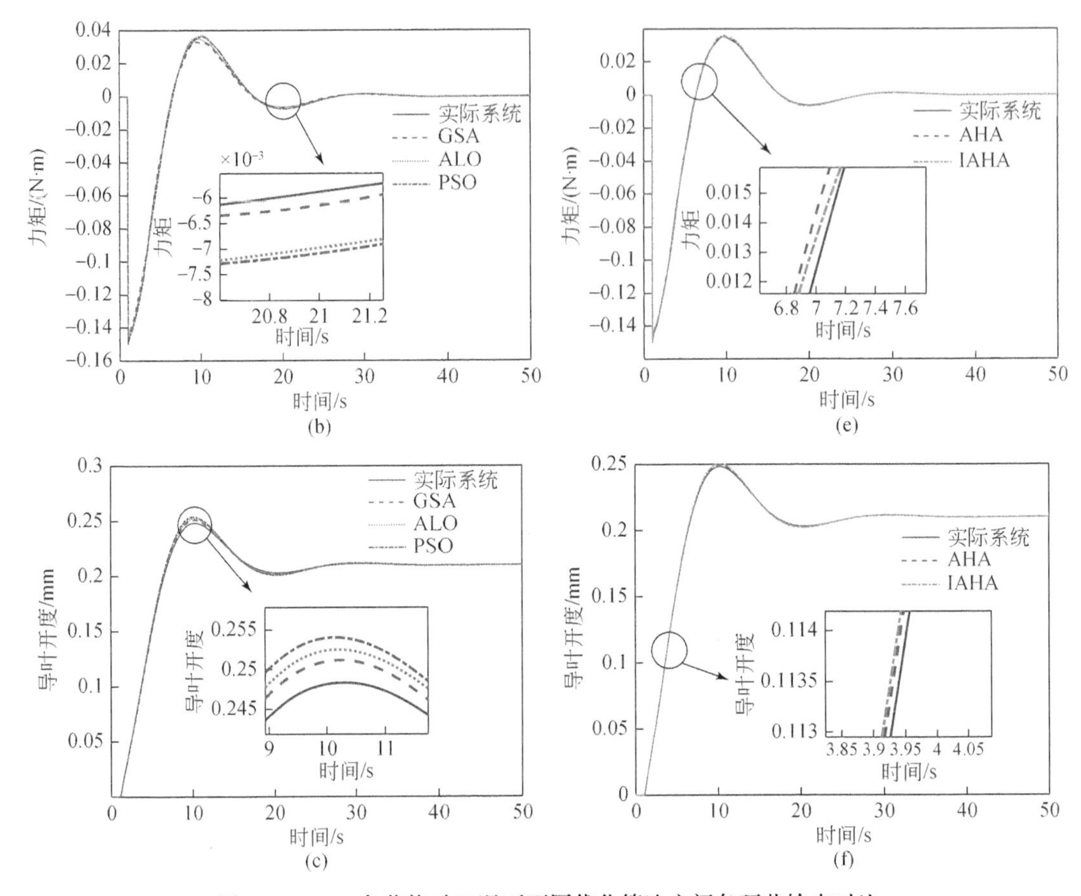

图 3-29　15% 负荷扰动工况下不同优化算法之间各环节输出对比

3.5 小　　结

本章首先介绍了抽水蓄能机组调节系统的四个模块，分别是调速器、压力引水系统、水泵水轮机和发电机及负荷，其中调速器包括 PID 调节器和电液随动系统，在电液随动系统中加入限幅防止导叶开度动作过快。其次，介绍了弹性水击模型和刚性水击模型，并建立了水泵水轮机的六参数模型。最后，构建了抽水蓄能机组调节系统的数学模型。

本章采用两种策略对人工蜂鸟算法（AHA）进行了改进。第一，运用切比雪夫混沌映射进行初始化，扩大了人工蜂鸟的搜索范围，提高了求解的精度。第二，在引导觅食时加入莱维飞行，使得算法避免过早收敛和具有良好的稳定性。为了验证 IAHA 算法的优化性能，本章运用 8 个不同的函数进行性能测试，统计分析了最优值、平均值、标准差和最差值，可以直观地看到 IAHA 具有明显的优势。当应用到抽水蓄能机组调节系统的非线性模型参数辨识等实际问题中时，发现仿真结果无论是在频率扰动 5%、10% 和 15% 的情况下还是在负荷扰动 5%、10% 和 15% 的扰动情况下，与 PSO、ALO、GSA 和 AHA 算法相比，IAHA 都具有较好的结果。这不仅实现了抽水蓄能机组调节系统的高精度辨识，也对其他复杂系统的参数辨识问题具有重要的启发意义。

第4章　蝠鲼觅食优化的提出及其工程应用

本章介绍了一种新的元启发式算法——蝠鲼觅食优化（MRFO）算法。该算法受蝠鲼智能觅食策略启发，模拟了蝠鲼的三种觅食行为，分别为链式觅食、螺旋觅食和翻滚觅食。使用31个测试函数和3个工程问题测试了MRFO算法的性能，测试结果表明，所提出的MRFO算法明显优于其他元启发式算法。

4.1　蝠鲼觅食优化算法

蝠鲼是已知的最大海洋生物之一，身体扁平，从上到下有一对胸鳍，在水中可以优雅地像鸟儿一样自由地滑翔。它还有一对头鳍，延伸到巨大的嘴巴末端。图4-1（a）为一只正在觅食的蝠鲼，图4-1（b）为蝠鲼的身体结构。蝠鲼没有锋利的牙齿，它以浮游生物为食，在觅食时，使用类似喇叭形状的头鳍将水和猎物汇集到嘴里，然后，鳃耙从水中把食物过滤出来。蝠鲼有两个不同的物种，一种是珊瑚礁蝠鲼（manta alfredi），生活在印度洋和西南太平洋地区，翼展可达5.5m；另一种是前口蝠鲼（manta birostris），它们生活在热带、亚热带和温带海洋地区，翼展可达7m。它们已经存在了大约500万年，其平均寿命为20年。

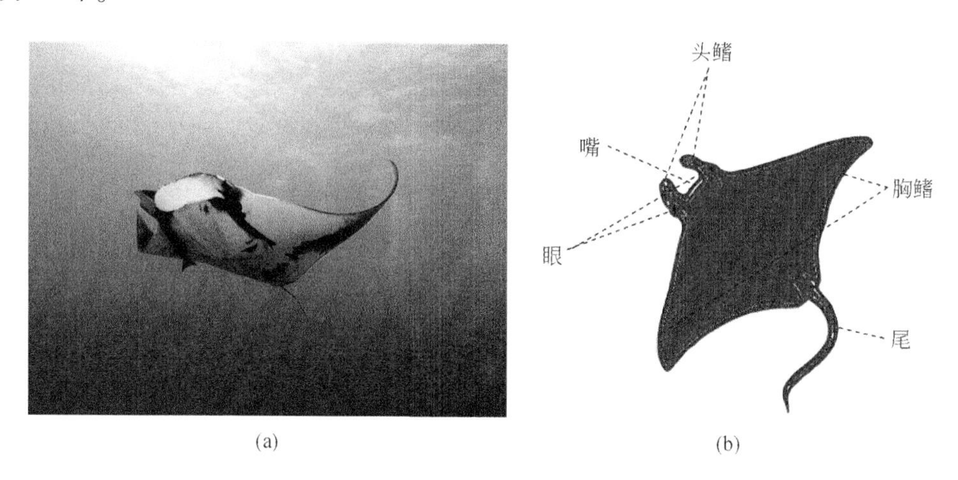

图4-1　（a）正在觅食的蝠鲼和（b）蝠鲼的身体结构

蝠鲼每天需要摄食大量的浮游生物，然而，浮游生物并不是均匀地分布或经常集中在一些特定的区域，但是蝠鲼总能寻找到丰富的浮游生物。蝠鲼最引人注目的是它们的觅食行为，即它们可以独自觅食，也可以组成多达50只的群体觅食。蝠鲼有三种觅食行为：链式觅食、螺旋觅食和翻滚觅食，本算法是因受蝠鲼觅食的启发而提出的，它们的数学模型如下所述。

4.1.1 链式觅食

在蝠鲼觅食优化算法中，蝠鲼可以观察到浮游生物的区域并朝它游动。若某区域的浮游生物的浓度越高，则该区域就越好，在该算法中假设迄今为止找到的最优解是蝠鲼想要接近的浮游生物浓度最高的那个区域。蝠鲼头对尾排成一排，形成一条寻食链。除第一个个体外，其他个体不仅向食物靠近，还向其前面的个体靠近。也就是说，在每次迭代中，每个个体的位置都会通过目前找到的最优个体和比它自己更好的紧邻个体来更新。这种链式觅食的数学模型表示如下：

$$x_i^d(t+1)=\begin{cases}x_i^d(t)+r\cdot[x_{\text{best}}^d(t)-x_i^d(t)]+\alpha\cdot[x_{\text{best}}^d(t)-x_i^d(t)], & i=1\\ x_i^d(t)+r\cdot[x_{i-1}^d(t)-x_i^d(t)]+\alpha\cdot[x_{\text{best}}^d(t)-x_i^d(t)], & i=2,\cdots,N\end{cases}\tag{4-1}$$

$$\alpha=2\cdot r\cdot\sqrt{|\log(r)|}\tag{4-2}$$

其中，$x_i^d(t)$ 是时间 t 时第 i 个个体在 d 维中的位置；r 是在［0，1］范围内的随机向量；α 是权重系数；$x_{\text{best}}^d(t)$ 是浓度最高的浮游生物的位置。图 4-2 是蝠鲼在二维空间中的链式觅食行为。第 i 个个体的位置更新由第 $i-1$ 个近邻个体的位置 x_{i-1}（t）和食物的位置 x_{best}^d（t）决定。

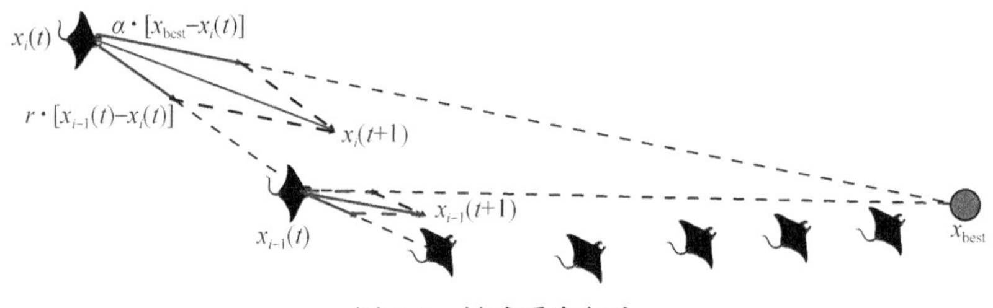

图 4-2 链式觅食行为

4.1.2 螺旋觅食

当一群蝠鲼发现深水水域中的一片浮游生物时，它们会形成一条长长的觅食链，螺旋般地向食物游去。这种螺旋状觅食策略也可以在鲸鱼优化算法中找到（Mirjalili and Lewis，2016）。然而，对于蝠鲼群的螺旋觅食策略，除了螺旋形向食物移动外，每只蝠鲼还向前面的蝠鲼游去。也就是说，蝠鲼群以队列形式组成螺旋状进行觅食。图 4-3 展示了蝠鲼的螺旋觅食行为在 2D 空间中的情况。可以看到，每个个体不仅会跟随前面的个体，还会沿着螺旋路径向食物移动。螺旋觅食行为的数学模型表示如下：

$$x_i^d(t+1)=\begin{cases}x_{\text{best}}^d+r\cdot[x_{\text{best}}^d(t)-x_i^d(t)]+\beta\cdot[x_{\text{best}}^d(t)-x_i^d(t)], & i=1\\ x_{\text{best}}^d+r\cdot[x_{i-1}^d(t)-x_i^d(t)]+\beta\cdot[x_{\text{best}}^d(t)-x_i^d(t)], & i=2,\cdots,N\end{cases}\tag{4-3}$$

$$\beta=2\mathrm{e}^{r_1\frac{T-t+1}{T}}\cdot\sin(2\pi r_1)\tag{4-4}$$

其中，β 为权重系数；T 为最大迭代次数；r_1 为［0，1］中的随机数。

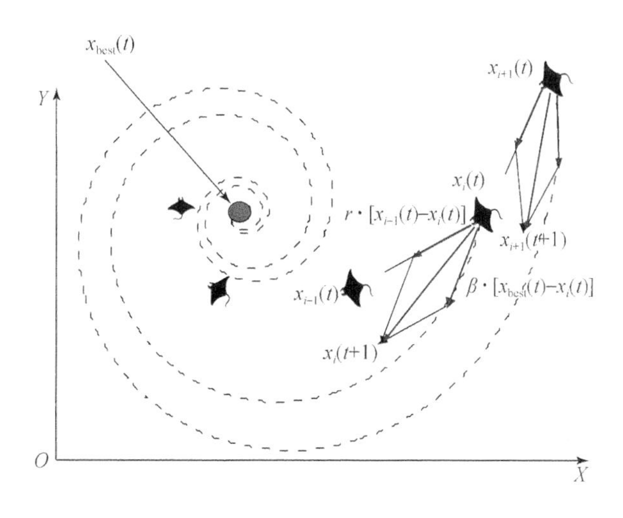

图4-3　螺旋觅食行为

所有个体都可以随机地以食物作为参考位置进行搜索，因此螺旋觅食对当前最优解具有良好的开发能力。该行为还用于改善探索行为，我们可以使每个个体在整个搜索空间内分配一个新的随机位置作为参考位置，以远离当前最优解的位置，搜索新的位置。这种机制可以使算法实现广泛的全局搜索，其数学方程如下所示：

$$x_{\mathrm{rand}}^{d}=Lb^{d}+r\cdot(Lb^{d}-Ub^{d}) \tag{4-5}$$

$$x_i^d(t+1)=\begin{cases}x_{\mathrm{rand}}^{d}+r\cdot[x_{\mathrm{rand}}^{d}-x_i^d(t)]+\beta\cdot[x_{\mathrm{rand}}^{d}-x_i^d(t)], & i=1\\ x_{\mathrm{rand}}^{d}+r\cdot[x_{i-1}^{d}(t)-x_i^d(t)]+\beta\cdot[x_{\mathrm{rand}}^{d}-x_i^d(t)], & i=2,\cdots,N\end{cases} \tag{4-6}$$

其中，x_{rand}^{d}是在搜索空间内随机生成的一个随机位置；Lb^d 和 Ub^d 分别是第 d 维的下限和上限。

4.1.3　翻滚觅食

在翻滚觅食行为中，食物的位置被视为一个枢轴。每个个体倾向于在枢轴周围来回游动并翻滚到新位置。因此，每个个体围绕到目前为止发现的最佳区域更新其位置。翻滚觅食行为的数学模型可以表示为

$$x_i^d(t+1)=x_i^d(t)+S\cdot[r_2\cdot x_{\mathrm{best}}^{d}-r_3\cdot x_i^d(t)],\quad i=1,\cdots,N \tag{4-7}$$

其中，S 为决定蝠鲼翻滚范围的翻滚因子，$S=2$；r_2 和 r_3 为［0，1］内的两个随机数。

如式（4-7）所示，通过定义翻转范围，每个个体可以移动到当前位置和其围绕最优解对称位置之间的新搜索域中的任何位置。随着个体位置与迄今为止找到的最优解之间的距离减小，对当前位置的扰动范围也会随之减小，所有个体逐渐逼近搜索空间中的最优解。因此，随着迭代次数的增加，翻滚觅食的范围会自适应地减小，图4-4为翻转觅食行为。

与其他元启发式算法类似，起初，蝠鲼觅食优化算法从问题域中生成一个随机种群。在每次迭代中，每个个体都会根据其前面的近邻个体和参考位置更新其位置。t/T 的值从

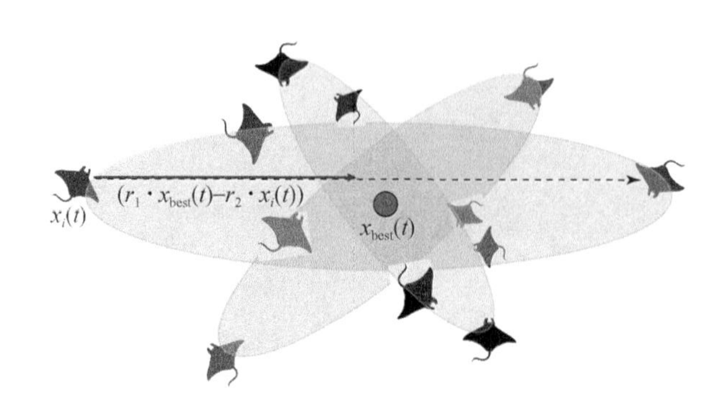

图 4-4　翻滚觅食行为

1/T 减少到 1，分别实施探索和开发。当 t/T<rand 时，当前最优解被选为开发的参考位置，而当 t/T>rand 时，在搜索空间中生成的随机位置被选为探索的参考位置。同时，根据随机数，算法可以在链式觅食行为和螺旋觅食行为之间切换。然后，个体根据通过翻滚觅食找到的最佳位置更新自己的位置。所有的更新和计算都是交互式的，直到达到停止条件为止。最终，最优个体的位置和适应度值被返回。蝠鲼觅食优化算法（MRFO）的伪代码如图 4-5 所示。

初始化种群数 N，最大迭代次数 T，每个蝠鲼位置 $\boldsymbol{x}_i(t)=\boldsymbol{x}_l+\text{rand}\cdot(\boldsymbol{x}_u-\boldsymbol{x}_l)$ 和迭代次数 $t=1$，计算每个个体的适应度 $f_i=f(\boldsymbol{x}_i)$，获得当前最优个体 $\boldsymbol{x}_{best}$，$\boldsymbol{x}_u$ 和 $\boldsymbol{x}_l$ 分别是搜索空间的上限和下限。

当停止准则不满足，执行

　对于个体 $i=1$ TO N

　　如果 rand<0.5//螺旋觅食

　　　如果 t/T_{max}<rand

　　　$\boldsymbol{x}_{rand}=\boldsymbol{x}_l+\text{rand}\cdot(\boldsymbol{x}_u-\boldsymbol{x}_l)$

$$\boldsymbol{x}_i(t+1)=\begin{cases}\boldsymbol{x}_{rand}+r\cdot[\boldsymbol{x}_{rand}-\boldsymbol{x}_i(t)]+\beta\cdot[\boldsymbol{x}_{rand}-\boldsymbol{x}_i(t)], & i=1\\ \boldsymbol{x}_{rand}+r\cdot[\boldsymbol{x}_{i-1}(t)-\boldsymbol{x}_i(t)]+\beta\cdot[\boldsymbol{x}_{rand}-\boldsymbol{x}_i(t)]), & i=2,\cdots,N\end{cases}$$

　　　否则

$$\boldsymbol{x}_i(t+1)=\begin{cases}\boldsymbol{x}_{best}+r\cdot[\boldsymbol{x}_{best}-\boldsymbol{x}_i(t)]+\beta\cdot[\boldsymbol{x}_{best}-\boldsymbol{x}_i(t)], & i=1\\ \boldsymbol{x}_{best}+r\cdot[\boldsymbol{x}_{i-1}(t)-\boldsymbol{x}_i(t)]+\beta\cdot[\boldsymbol{x}_{best}-\boldsymbol{x}_i(t)], & i=2,\cdots,N\end{cases}$$

　　　　结束.

　　否则　//链式觅食

$$\boldsymbol{x}_i(t+1)=\begin{cases}\boldsymbol{x}_i(t)+r\cdot[\boldsymbol{x}_{best}-\boldsymbol{x}_i(t)]+\alpha\cdot[\boldsymbol{x}_{best}-\boldsymbol{x}_i(t)], & i=1\\ \boldsymbol{x}_i(t)+r\cdot[\boldsymbol{x}_{i-1}(t)-\boldsymbol{x}_i(t)]+\alpha\cdot[\boldsymbol{x}_{best}-\boldsymbol{x}_i(t)], & i=2,\cdots,N\end{cases}$$

　　结束.

计算个体适应度 $f(\boldsymbol{x}_i(t+1))$. 如果 $f(\boldsymbol{x}_i(t+1))<f(\boldsymbol{x}_{\text{best}})$

$\boldsymbol{x}_{\text{best}}=\boldsymbol{x}_i(t+1)$

//翻滚觅食

对于个体 $i=1$ TO N

$\boldsymbol{x}_i(t+1)=\boldsymbol{x}_i(t)+S\cdot[r_2\cdot\boldsymbol{x}_{\text{best}}-r_3\cdot\boldsymbol{x}_i(t)]$

计算个体适应度 $f(\boldsymbol{x}_i(t+1))$. 如果 $f(\boldsymbol{x}_i(t+1))<f(\boldsymbol{x}_{\text{best}})$

$\boldsymbol{x}_{\text{best}}=\boldsymbol{x}_i(t+1)$

结束.

结束.

返回当前最优个体 $\boldsymbol{x}_{\text{best}}$.

图 4-5　MRFO 算法的伪代码

4.2　实验结果对比分析

4.2.1　基准函数和实验设置

使用附录 D 中 31 个基准函数测试蝠鲼优化算法的性能，前 23 个函数是第 2 章使用的 23 个经典基准函数，图 4-6 ~ 图 4-8 显示了 23 个函数的二维图像。其他的函数选自于 CEC 2014 中的 8 个基准函数（Liang et al.，2013）。这些复合函数是由基本函数和混合函数组成的，所以它们非常适合用于测试算法的优化性能。图 4-9 显示了二维复合基准函数的图像。

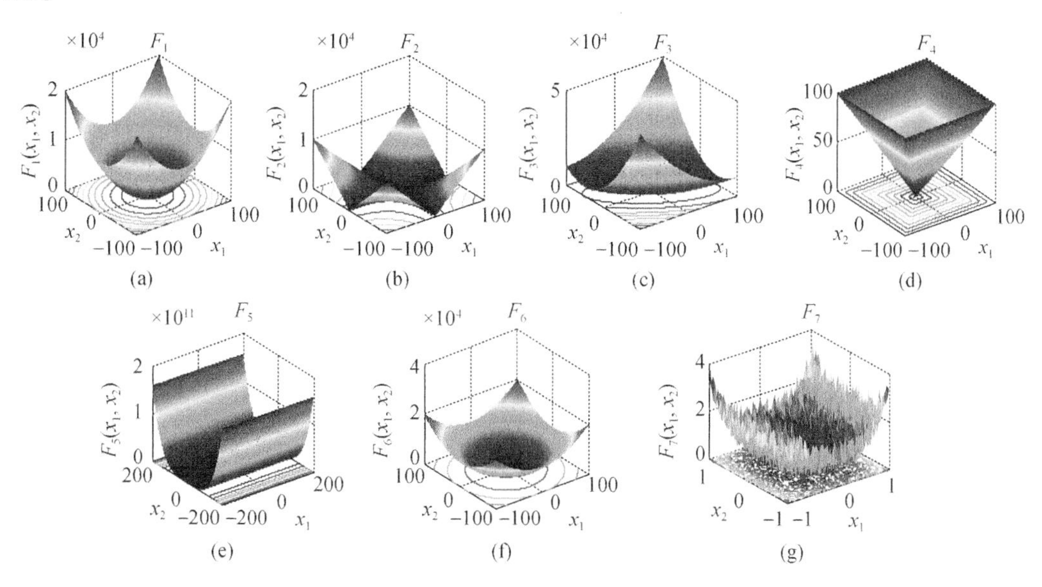

图 4-6　二维单峰基准函数

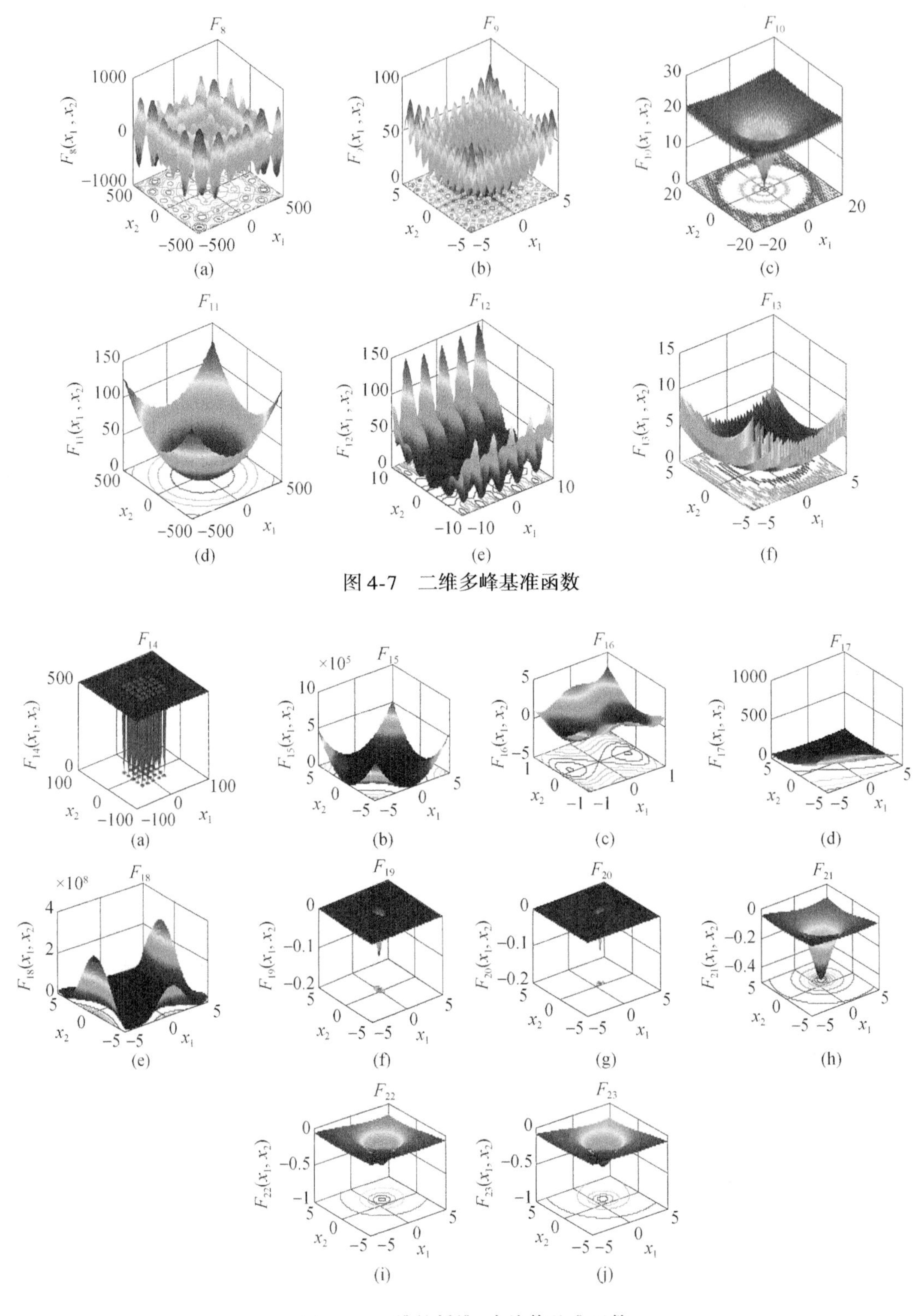

图 4-7　二维多峰基准函数

图 4-8　二维的低维-多峰值基准函数

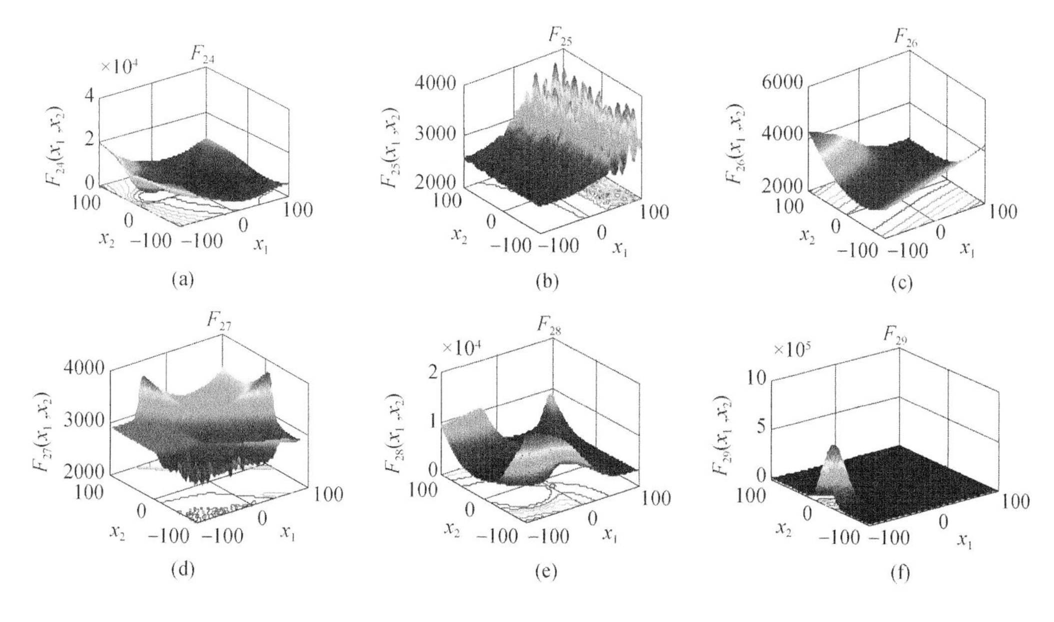

图 4-9　二维复合基准函数

我们将蝠鲼优化算法与 6 种不同的优化算法进行性能比较，包括 GA、PSO、DE、CS、ABC 和 GSA。对于所有的算法，种群大小和最大函数评估次数均设为 30 和 50000。此外，对于所有的函数，每个算法运行 30 次，结果是基于所有运行次数最优值的平均值。

4.2.2　开发性能分析

图 4-10 为蝠鲼觅食优化算法和其他算法对于单峰函数的柱状图，图 4-11 是它们的收敛曲线。从图 4-10 中可以看出，蝠鲼觅食优化算法在开发能力方面表现出强大的竞争力，对于每个单峰函数都优于其他算法。尽管 F_5 函数是一个非凸二次函数，但在开发和收敛能力方面，该算法仍然表现出最好的优化性能。关于开发能力，对于函数 F_1 和 F_2，CS 表现最差，对于函数 F_3、F_4 和 F_5，ABC 表现最差，而对于函数 F_6 和 F_7，PSO 和 DE 表现最差；对于函数 F_3、F_4 和 F_5，PSO 收敛最慢，而对于函数 F_2，CS 收敛最慢。比较结果表明，蝠鲼觅食优化算法是解决单峰函数最有效的方法。

4.2.3　探索性能分析

图 4-12 显示了蝠鲼觅食优化算法和其他算法对于多峰函数的柱状图，图 4-13 是它们的收敛曲线。由图 4-13 可以看出，除了函数 F_{13}外，蝠鲼觅食优化算法在其他多峰函数上的表现都优于其他算法。虽然该算法不能在函数 F_{13}上表现最好，但它仍然优于 ABC，显示了其良好的探索能力。尽管函数 F_{11}有许多广泛分布和正则分布的局部最小值，但蝠鲼

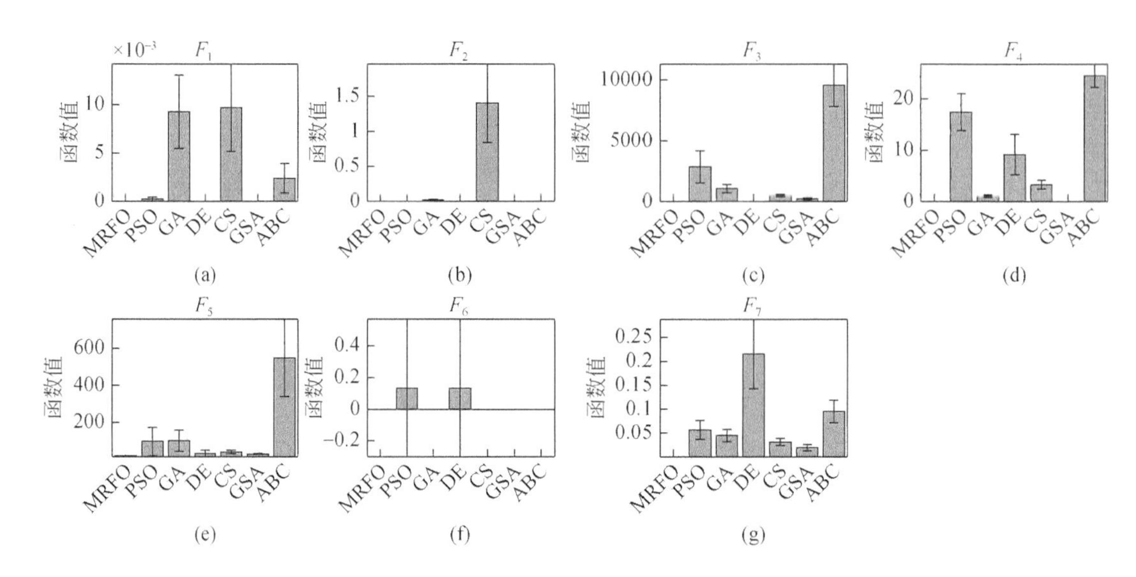

图 4-10　不同算法对于单峰函数的柱状图

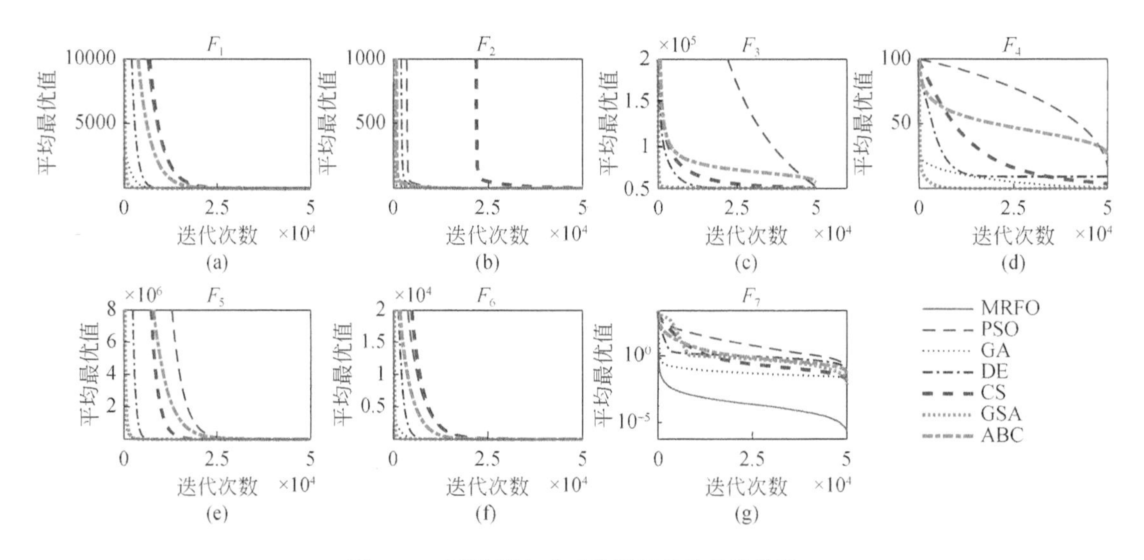

图 4-11　不同算法对于单峰函数的收敛曲线

觅食优化算法仍能成功地跳出它们，获得全局最优值。对于函数 F_8 和 F_{11}，GSA 提供的结果最差，对于函数 F_{12} 和 F_{13}，ABC 表现最差，而对于函数 F_9 和 F_{10}，DE 和 CS 分别获得了最差的解。从图 4-13 来看，除了函数 F_{13} 外，蝠鲼觅食优化算法在其他多峰函数上的收敛速度比其他优化算法都快。

图 4-14 和图 4-15 分别显示了不同算法对于低维多峰函数的柱状图及其收敛曲线，可以看出所有算法对于函数 F_{16}、F_{17}、F_{18} 和 F_{19} 的性能相似，除了 GA 和 GSA 之外，它们对于函数 F_{14} 也具有相似的性能。此外，蝠鲼觅食算法在函数 F_{15} 上仅劣于 CS 和 DE，

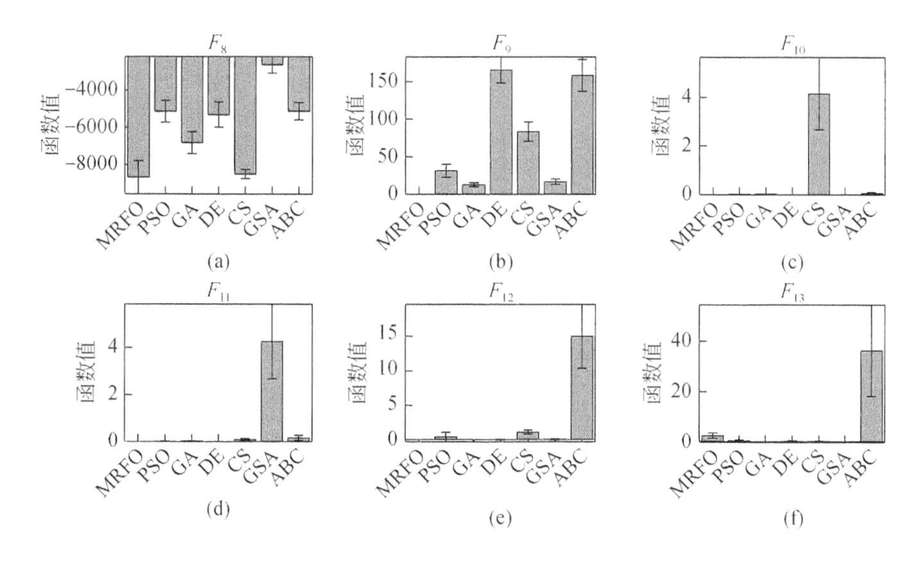

图 4-12　不同算法对于多峰函数的柱状图

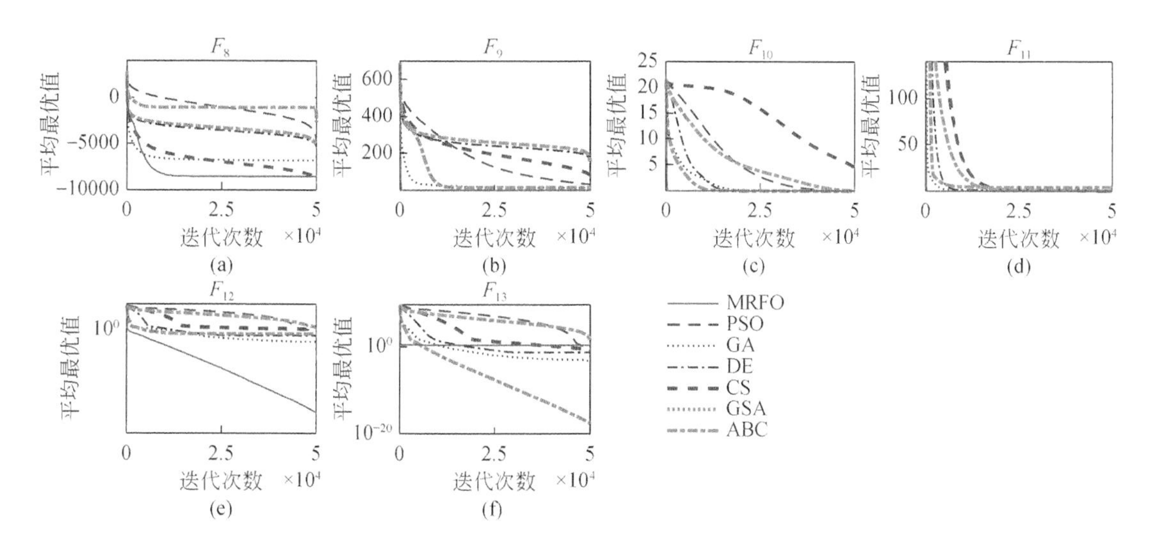

图 4-13　不同算法对于多峰函数的收敛曲线

而在函数 F_{20}、F_{21} 和 F_{23} 上优于 PSO。显然，该算法在大多数低维函数上都优于其竞争算法。

4.2.4　局部最优规避分析

复合函数特别适合于评估探索和开发之间的平衡能力。从图 4-16 可以看出，对于函数 F_{24}、F_{25}、F_{26}、F_{28} 和 F_{29}，蝠鲼觅食优化算法在避免局部极值方面表现最好，对于函数 F_{27}，该算法优于 GA 和 GSA。此外，对于函数 F_{30}，蝠鲼觅食优化算法优于 GA 和 PSO。此

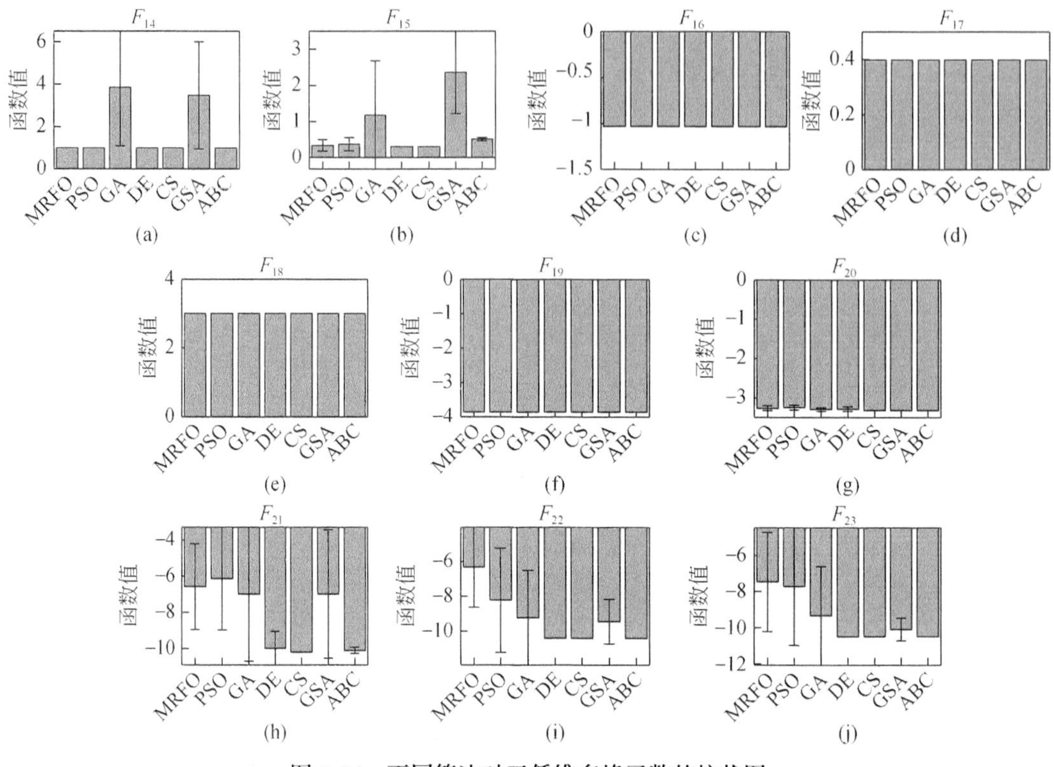

图 4-14　不同算法对于低维多峰函数的柱状图

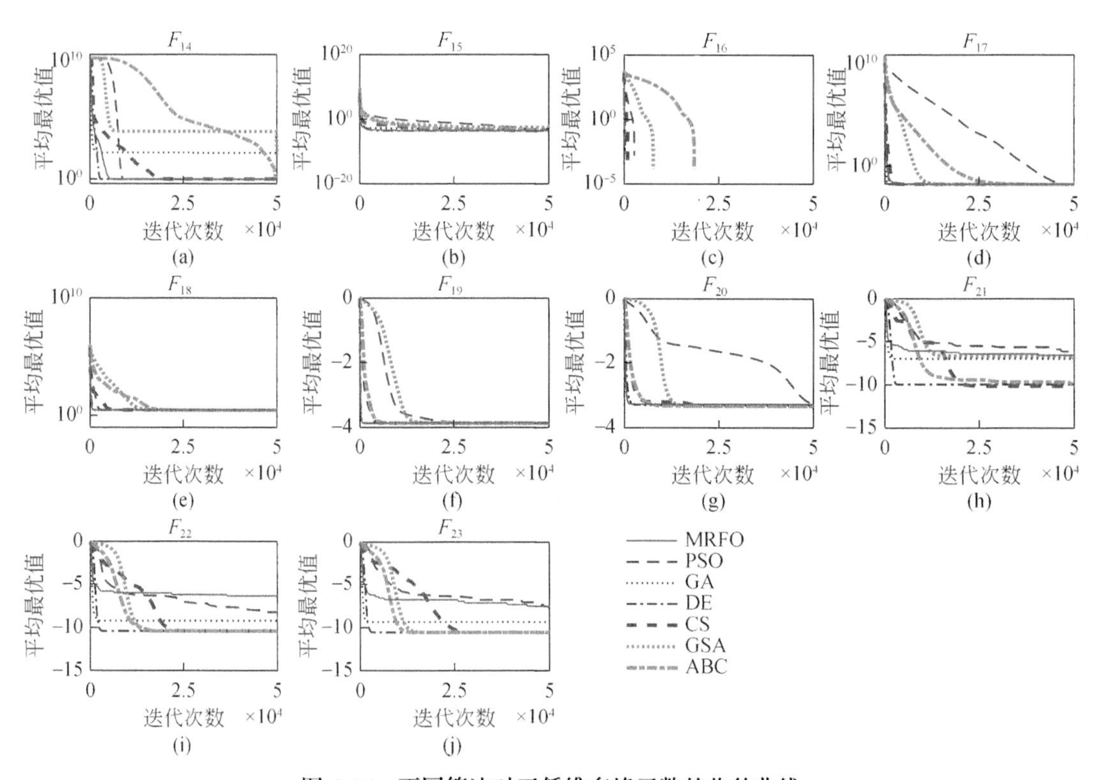

图 4-15　不同算法对于低维多峰函数的收敛曲线

外，由图 4-17 的收敛曲线可以看出，蝠鲼觅食优化算法在收敛能力方面与其他优化算法相比非常具有竞争力。对于函数 F_{24}、F_{25}、F_{26}、F_{28}和 F_{29}，除了蝠鲼觅食优化算法之外的所有算法都不同程度陷入了局部极值。蝠鲼觅食优化算法的螺旋觅食行为有助于提高算法的探索能力，并能有效地避免局部极值。结果表明，蝠鲼觅食优化算法在平衡探索能力和开发能力以及保证全局收敛方面是有效的。

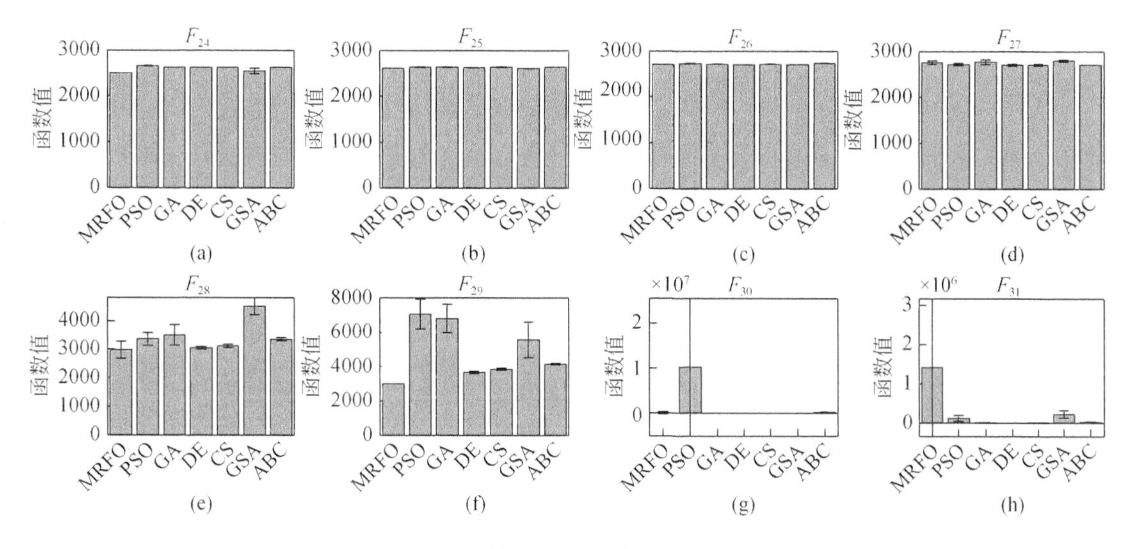

图 4-16　不同算法对于复合函数的柱状图

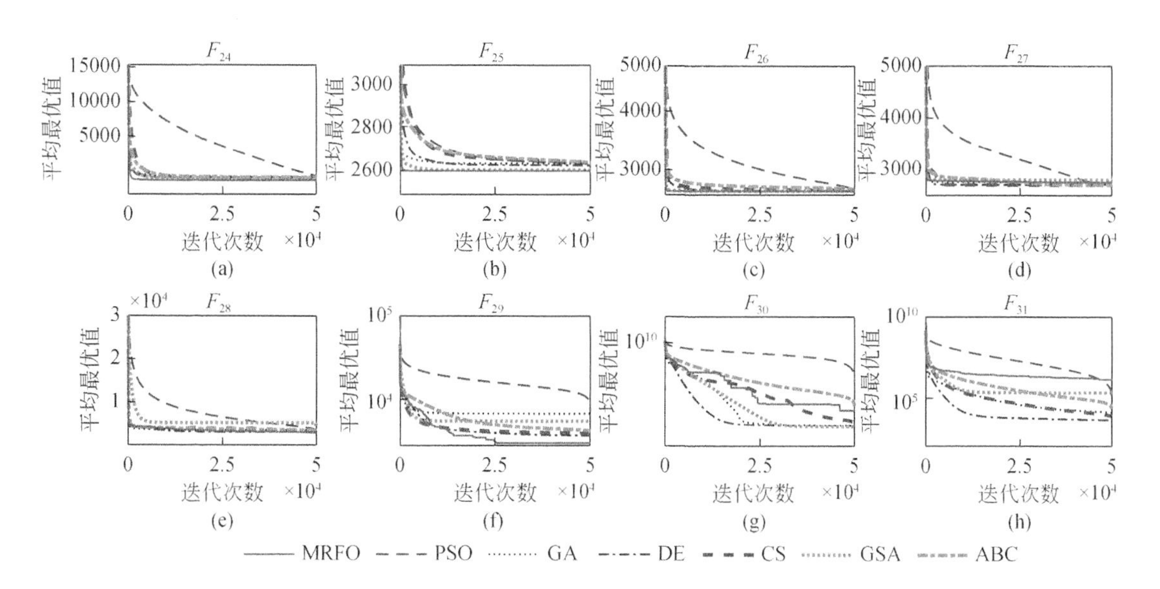

图 4-17　不同算法对于复合函数的收敛曲线

4.3　工 程 应 用

为了进一步评估蝠鲼觅食优化算法工程应用能力，我们使用该算法解决三个经典的约束工程优化问题。通常来说，约束问题（在最小化情况下）可以表示为

$$\text{Minimize } f(\boldsymbol{x}),\boldsymbol{x}\in \boldsymbol{R}^d \tag{4-8}$$

$$\text{Subject to}\begin{cases} g_i(\boldsymbol{x})\leqslant 0, & i=1,\cdots,p \\ h_j(\boldsymbol{x})=0, & j=1,\cdots,q \end{cases} \tag{4-9}$$

式中，g_i、h_j 分别为不等式和等式约束；$\boldsymbol{R}^d$ 为实数的 n 维定义域。优化算法的任务是找到最佳可行解 $\boldsymbol{x}=\{x_1,\cdots,x_d\}$，使具有约束的目标函数 $f(\boldsymbol{x})$ 最小化。

本章采用惩罚函数来处理算法中的约束条件，当解不满足若干个约束条件时，较大的值被增加到目标函数中。因此，这些约束工程问题的被转化为如下表达式：

$$\text{Minimize } F(\boldsymbol{x})=\begin{cases} f(\boldsymbol{x}), & \boldsymbol{x}\in S \\ f(\boldsymbol{x})+\lambda\left[\sum_{i=1}^{p} g_i(\boldsymbol{x})+\sum_{j=1}^{q} h_j(\boldsymbol{x})\right], & \boldsymbol{x}\notin S \end{cases} \tag{4-10}$$

其中，S 是可行的搜索空间。

4.3.1　拉伸/压缩弹簧设计

如图 4-18 所示，拉伸/压缩弹簧设计问题要求在三个约束条件下最小化拉压弹簧的重量。需要优化三个变量，包括线圈直径（d）、弹簧圈直径（D）、弹簧圈的数量（N）。约束条件分别为最小挠度，切应力、冲击频率和外径限制（Belegundu，1982）。该问题的数学模型描述如下。

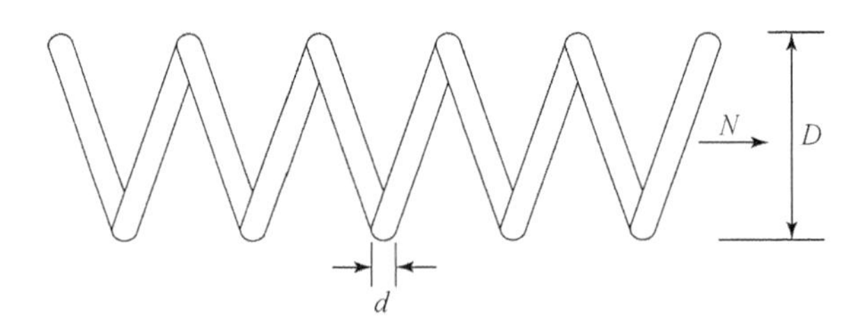

图 4-18　拉伸/压缩弹簧设计

变量：

$$\boldsymbol{x}=[x_1,x_2,x_3]=[d,D,N]$$

最小化：

$$f_1(\boldsymbol{x})=(x_3+2)x_2x_1^2$$

约束条件：

$$g_1(\boldsymbol{x})=1-\frac{x_3x_2^3}{71785x_1^4}\leqslant 0,\quad g_2(\boldsymbol{x})=\frac{4x_2^2-x_1x_2}{12566(x_2x_1^3-x_1^4)}+\frac{1}{5108x_1^2}-1\leqslant 0$$

$$g_3(\boldsymbol{x})=1-\frac{140.45x_1}{x_2^2x_3}\leqslant 0,\quad g_4(\boldsymbol{x})=\frac{x_1+x_2}{1.5}-1\leqslant 0$$

变量范围：

$$0.05\leqslant x_1\leqslant 2,\ 0.25\leqslant x_2\leqslant 1.3,\ 2\leqslant x_3\leqslant 15$$

本案例使用蝠鲼觅食优化算法及 PSO、GA、DE、CS、GSA 和 ABC 进行求解，均迭代 40000 次。表 4-1 给出了决策变量、约束值和函数值的结果，显然，蝠鲼觅食优化算法提供了比其他方法更好的结果。同时，表 4-2 列出了使用其他常用的优化方法 GA2（Coello, 2000）、GA3（Coello and Montes, 2002）、CA（Coello and Becerra, 2004）、PSO2（He and Wang, 2007）、CPSO（He and Wang, 2006）、HPSO（He and Wang, 2007）、QPSO（Dos Santos Coelho, 2010）、UPSO（Parsopoulos and Vrahatis, 2005）、CDE（Huang et al., 2007）、SSB（Ray and Liew, 2003）和 ES（Mezura-Montes and Coello, 2005）来解决这个问题，并进行比较，结果显示，蝠鲼觅食优化算法具有明显的竞争力。图 4-19 分别显示了随迭代次数变化的函数值和约束值。

表 4-1　不同优化算法对拉伸/压缩弹簧设计问题求解的结果

	MRFO	PSO	GA	DE	CS	GSA	ABC
x_1 (d)	0.0523734	0.0578383	0.0589611	0.0545403	0.0560332	0.0522907	0.0528372
x_2 (D)	0.3733461	0.4979163	0.5581978	0.4292681	0.4700379	0.3644606	0.3733680
x_3 (N)	10.3831265	6.7114619	4.9883445	8.0300516	6.8152103	11.7484375	10.7654571
g_1	−0.0004310	−0.0313137	−0.0000601	−0.0000025	−0.0001470	−0.0597448	−0.0015036
g_2	−0.0001276	−0.0415641	−0.0000282	0	−0.0008437	−0.0150534	−0.0245475
g_3	−4.0825408	−3.8821081	−4.3278787	−4.1768253	−4.2266307	−3.7061375	−3.9448645
g_4	−0.7161870	−0.6294970	−0.5885608	−0.6774611	−0.6492860	−0.7221658	−0.7158632
f_1	0.0126813	0.0145104	0.0135610	0.0128076	0.0130094	0.0137010	0.0133061

表 4-2　不同优化算法对拉伸/压缩弹簧设计问题求解的统计结果比较

方法	最坏值	平均值	最优值	方差	评估次数
GA2	0.0128221	0.0127690	0.0127047	3.9390×10^{-5}	900000
GA3	0.0129730	0.0127420	0.0126810	5.9000×10^{-5}	80000
CA	0.0151156	0.0135681	0.0127210	8.4215×10^{-4}	50000
CPSO	0.0129240	0.0127300	0.0126747	5.1985×10^{-4}	200000
HPSO	0.0127191	0.0127072	0.0126652	1.5824×10^{-5}	75000
PSO2	0.0718020	0.0195550	0.0128570	0.0116620	2000
QPSO	0.0181270	0.0138540	0.0126690	1.3410×10^{-3}	2000
UPSO	0.0503651	0.0229478	0.0131200	7.2057×10^{-3}	10000
CDE	0.0127900	0.0127030	0.0126702	2.7000×10^{-5}	240000
SSB	0.0167173	0.0129227	0.0126692	5.9000×10^{-4}	25167
($\mu+\lambda$) ES	NA*	0.0131650	0.0126890	3.9000×10^{-4}	30000

续表

方法	最坏值	平均值	最优值	方差	评估次数
MRFO	0. 0142764	0. 0134659	0. 0129729	2.7718×10^{-3}	2000
MRFO	0. 0131811	0. 0127007	0. 0126757	2.1378×10^{-4}	25000

* NA 代表不可用。

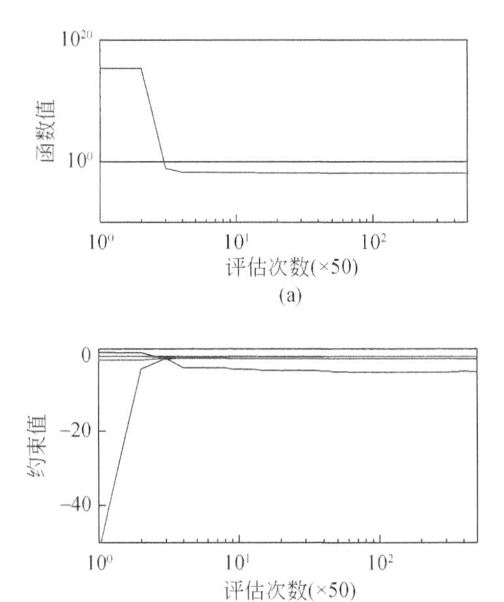

图 4-19　(a) 函数值变化和 (b) 约束值变化

4. 3. 2　焊接梁设计

焊接梁设计的优化问题是要求制造成本最低（Coello，2000）。如图 4-20 所示，该问题有四个变量和七个约束条件。变量分别为焊接梁厚度（h）、接头的长度（l）、焊接梁的宽度（t）、梁厚度（b）。约束条件分别为梁弯曲应力、剪切应力、梁端挠度、杆屈曲载荷、法向应力以及边界等。该问题的数学模型描述如下。

变量：

$$\boldsymbol{x}=[x_1,x_2,x_3,x_4]=[h,l,t,b]$$

最小化：

$$f_3(\boldsymbol{x})=1.10471x_1^2x_2+0.04811x_3x_4(14+x_2)$$

约束条件：

$$g_1(\boldsymbol{x})=\tau(\boldsymbol{x})+\tau_{\max}\leqslant0,\quad g_2(\boldsymbol{x})=\sigma(\boldsymbol{x})+\sigma_{\max}\leqslant0,\quad g_3(\boldsymbol{x})=\delta(\boldsymbol{x})+\delta_{\max}\leqslant0$$

$$g_4(\boldsymbol{x})=x_1-x_4\leqslant0,\quad g_5(\boldsymbol{x})=P-P_c(\boldsymbol{x})\leqslant0,\quad g_6(\boldsymbol{x})=0.125-x_1\leqslant0$$

$$g_7(\boldsymbol{x})=0.10471x_1^2+0.04811x_3x_4(14+x_2)-5\leqslant0$$

其中

$$\tau(\boldsymbol{x})=\sqrt{(\tau')^2+2\tau'\tau''\frac{x_2}{2R}+(\tau'')^2},\quad \tau'=\frac{P}{\sqrt{2}x_1x_2},\quad \tau''=\frac{MR}{J},M=P\left(L+\frac{x_2}{2}\right)$$

$$R=\sqrt{\frac{x_2^2}{4}+\left(\frac{x_1+x_3}{2}\right)^2},\quad J=2\left\{\sqrt{2}x_1x_2\left[\frac{x_2^3}{4}+\left(\frac{x_1+x_3}{2}\right)^2\right]\right\}$$

$$\sigma(\boldsymbol{x})=\frac{6PL}{x_4x_3^2},\quad \delta(\boldsymbol{x})=\frac{4PL^3}{Ex_4x_3^3},\quad P_c(\boldsymbol{x})=\frac{4.013E\sqrt{\frac{x_3^2x_4^6}{36}}}{L^2}\left(1-\frac{x_3}{2L}\sqrt{\frac{E}{4G}}\right)$$

这里，$P=6000\text{lb}$，$L=14\text{in}$①，$E=30\times10^6\text{psi}$②，$G=12\times10^6\text{psi}$，$\tau_{\max}=13600\text{psi}$，$\sigma_{\max}=30000\text{psi}$，$\delta_{\max}=0.25\text{in}$。

变量范围：

$$0.1\leqslant x_1\leqslant2,\quad 0.1\leqslant x_2\leqslant10,\quad 0.1\leqslant x_3\leqslant10,\quad 0.1\leqslant x_4\leqslant2$$

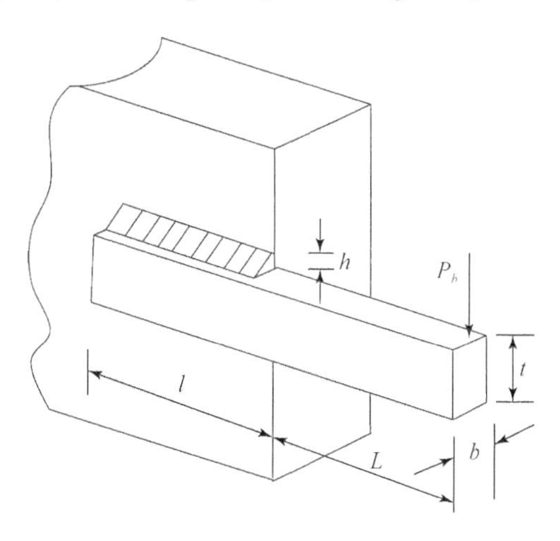

图 4-20　焊接梁设计

表 4-3 比较了使用七种优化算法进行迭代 25000 次的决策变量、约束值和函数值的优化结果。结果表明，蝠鲼觅食优化算法显著优于其他算法的结果。本章还将一些其他优化算法的结果与蝠鲼觅食优化算法的结果进行了比较，例如 GA2（Coello，2000）、GA3（Coello and Montes，2002）、CPSO（He and Wang，2006）、HPSO（He and Wang，2007）、PSO-DE（Liu et al.，2010）、WOA（Mirjalili and Lewis，2016）、EPSO（Ngo et al.，2016）、ABC（Akay and Karaboga，2012）、ES（Mezura-Montes and Coello，2005）和 SC（Ray and Liew，2003），并将这些比较列在表 4-3 中。表 4-4 为蝠鲼觅食优化算法在迭代 9900 次和迭代 15000 次后的两组统计结果。由表可见，在相同迭代次数下，蝠鲼觅食优化算法的结果明显优于 WOA，在迭代 15000 次后的结果比其他算法在更多迭代次数下的结果更好。

① $1\text{in}\approx2.54\text{cm}$。

② $1\text{psi}\approx0.155\text{cm}^{-2}$。

图 4-21 分别显示了随迭代次数变化的函数值和约束值。

表 4-3　不同优化算法对焊接梁设计问题求解的结果

	MRFO	PSO	GA	DE	CS	GSA	ABC
$x_1(T_s)$	0. 2057296	0. 2039531	0. 1818246	0. 2056932	0. 1991575	0. 1758009	0. 1649867
$x_2(T_h)$	3. 4704887	3. 5695905	5. 7718106	3. 4713620	3. 7071659	5. 7719073	4. 9915687
$x_3(R)$	9. 0366239	9. 0041963	6. 6114009	9. 0366210	8. 9907959	6. 8847162	8. 8119263
$x_4(L)$	0. 2057296	0. 2072141	0. 3843461	0. 2057301	0. 2102505	0. 3544355	0. 2191593
g_1	-9.4406×10^{-9}	-144. 7342173	-0. 1370077	-0. 2721622	-205. 1531509	-0. 0212231	-479. 9965218
g_2	-1.2678×10^{-8}	0	-0. 0098009	-0. 0415918	-345. 0439415	-8.5484×10^{-6}	-383. 8252323
g_3	-6.2250×10^{-13}	-0. 0032611	-0. 2025214	-3.6890×10^{-5}	-0. 0110930	-0. 1786346	-0. 0541726
g_4	-3. 432983785	-3. 4185368	-2. 5794210	-3. 432904573	-3. 3854996	-2. 6755927	-3. 2326284
g_5	-0. 08072964	-0. 0789531	-0. 0568246	-0. 0806932	-0. 0741575	-0. 0508009	-0. 0399867
g_6	-0. 235540323	-0. 2354882	-0. 2302362	-0. 2355403	-0. 2356338	-0. 2310208	-0. 2353613
g_7	-8.0045×10^{-9}	-116. 3317530	-2.5254×10^{4}	-0. 0353824	-382. 8890645	-1.9282×10^{4}	-1.1333×10^{3}
f_3	1. 7248523	1. 7411391	2. 6279150	1. 7249164	1. 7727837	2. 5182363	1. 9146221

表 4-4　不同优化算法对焊接梁设计问题求解的统计结果比较

方法	最坏值	平均值	最优值	方差	评估次数
GA2	1. 7858350	1. 7719730	1. 7483090	1.1200×10^{-3}	900000
GA3	1. 9934080	1. 7926540	1. 7282260	7.4700×10^{-2}	80000
CPSO	1. 7821430	1. 7488310	1. 7280240	1.2900×10^{-2}	240000
HPSO	1. 8142950	1. 7490400	1. 7248520	4.0100×10^{-2}	81000
PSO-DE	1. 7248520	1. 7248520	1. 7248520	6.7000×10^{-16}	66600
DE	1. 8241050	1. 7681580	1. 7334610	2.2100×10^{-2}	204800
WOA	NA	1. 7320000	NA	0. 0226000	9900
EPSO	1. 7472200	1. 7282190	1. 7248530	5.6200×10^{-3}	50000
ABC	NA	1. 7419130	1. 7248520	3.100×10^{-2}	30000
$(\mu+\lambda)$ ES	NA	1. 7776920	1. 7248520	8.800×10^{-2}	30000
SC	6. 3996780	3. 0025883	2. 3854347	9.600×10^{-1}	33095
MRFO	1. 72545088	1. 7250686	1. 7249121	2.2800×10^{-1}	9900
MRFO	1. 7248648	1. 7248547	1. 7248523	3.8320×10^{-6}	15000

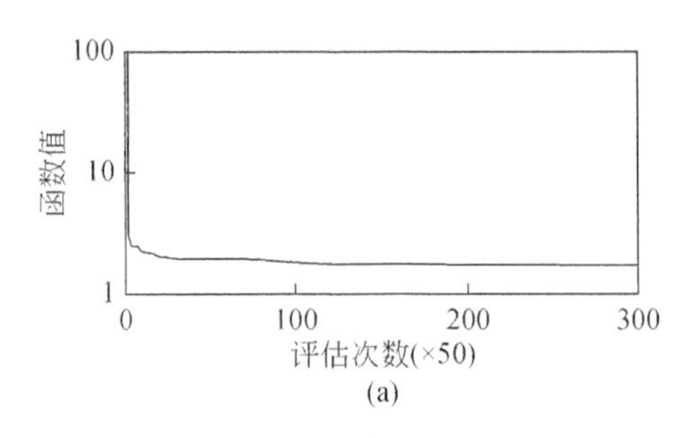

(a)

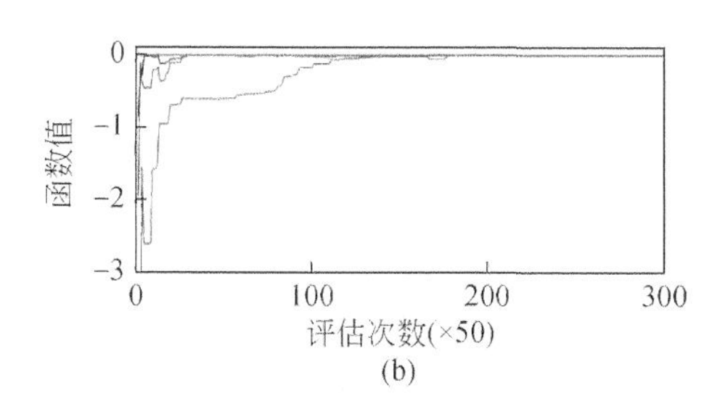

(b)

图4-21　（a）函数值变化和（b）约束值变化

4.3.3　液压推力轴承设计

液压推力轴承设计问题是在满足七个约束条件的情况下，在推力轴承运行过程中使轴承的功率损失最小化（Siddall，1982）。图4-22为液压推力轴承设计。该设计包含了四个变量：轴承半径（R）、流量（Q）、油黏度（μ）和凹槽半径（R_o）。该问题的数学模型描述如下。

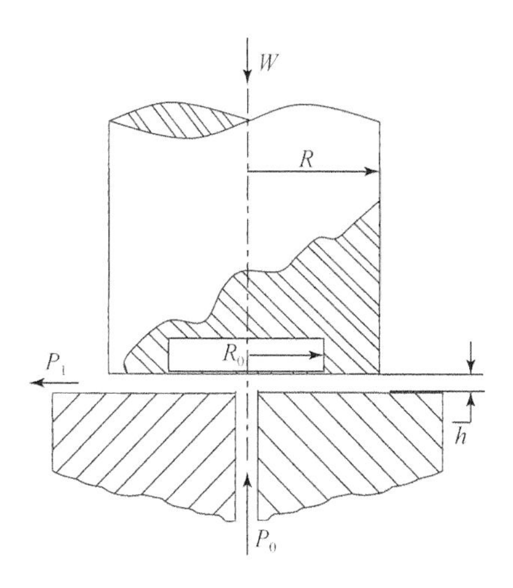

图4-22　液压推力轴承设计

变量：

$$x=[R,R_o,\mu,Q]$$

最小化：

$$f_8(x)=\frac{QP_o}{0.7}+E_f$$

约束条件：

$$g_1(x)=W-W_s\geqslant 0,\quad g_2(x)=P_{max}-P_o\geqslant 0$$
$$g_3(x)=\Delta T_{max}-\Delta T\geqslant 0,\quad g_4(x)=h-h_{min}\geqslant 0$$

$$g_5(\boldsymbol{x})=R-R_o\geqslant 0,\quad g_6(\boldsymbol{x})=0.001-\frac{\gamma}{gP_o}\left(\frac{Q}{2\pi Rh}\right)\geqslant 0$$

$$g_7(\boldsymbol{x})=5000-\frac{W}{\pi(R^2-R_o^2)}\geqslant 0$$

其中

$$W=\frac{\pi P_o}{2}\frac{R^2-R_o^2}{\ln(R/R_o)},\quad P_o=\frac{6\mu Q}{\pi h^3}\ln(R/R_o),\quad E_f=9336Q\gamma C\Delta T$$

$$\Delta T=2(10^P-560),\quad P=\frac{\lg\lg(8.122\times 10^6\mu+0.8)-C_1}{n}$$

$$h=\left(\frac{2\pi N}{60}\right)^2\frac{2\pi\mu}{E_f}\left(\frac{R^4}{4}-\frac{R_o^4}{4}\right),\quad \gamma=0.0307, C=0.5, n=-3.55, C_1=10.04$$

$$W_s=101000, P_{max}=1000, h_{min}=0.001, \Delta T_{max}=50, g=386.4, N=750$$

变量范围：

$$1\leqslant R\leqslant 16,\ 1\leqslant R_o\leqslant 16,\ 10^{-6}\leqslant\mu\leqslant 16\times 10^{-6},\ 1\leqslant Q\leqslant 16$$

使用蝠鲼觅食优化算法及其他六种优化算法对本设计进行求解，均迭代 50000 次，表 4-5给出了该问题的决策变量、约束值和函数值的结果。从表中可以看出，与其他启发式方法相比，蝠鲼觅食优化算法表现得更有竞争力。另外，如 IPSO（He et al.，2004），GASO（Coello，2000），GeneAS（Deb and Goyal，1997）等优化算法 和 BGA（Deb and Goyal，1997）等优化算法也尝试解决该问题，取得了不同程度的成功，并在表 4-6 中列出了它们所提供的结果。从表 4-6 中可以看出，与 GASO 和 IPSO 相比，蝠鲼觅食优化算法在相同的评估次数下提供了更好的结果。显然，以相同的计算成本，蝠鲼觅食优化算法提供了比其竞争算法更令人满意的结果。图 4-23 显示了液压推力轴承设计问题的函数值和约束值的变化情况。从图中可以看出，在迭代初期，种群个体倾向于探索整个搜索空间，以确定最优值可能存在的区域。随着迭代次数的增加，种群个体对这些区域进行局部搜索。

表 4-5　不同优化算法对液压推力轴承设计问题求解的结果

	MRFO	PSO	GA	DE	CS	GSA	ABC
R	5.9647493	6.1896857	10.4790564	6.8408768	6.1084093	7.6938952	6.5305485
R_o	5.3989193	5.6453752	10.0361401	6.3535608	5.4921343	7.2072523	5.8080458
μ	5.3609×10^{-6}	5.9915×10^{-6}	5.8974×10^{-6}	9.0310×10^{-6}	6.0291×10^{-6}	8.5104×10^{-6}	5.8511×10^{-6}
Q	2.2769653	2.989664829	7.840476052	13.58961281	3.124919379	12.6978065	3.6094940
g_1	−0.0005970	−31.79166896	-1.4552×10^{-11}	-1.46×10^{-11}	-3.7195×10^{3}	-9.3178×10^{3}	-4.0368×10^{3}
g_2	−3.3247221	−80.9615770	−694.4040306	−260.9951073	−8.2773890	−367.1936101	−120.5370892
g_3	−0.0350159	−9.3640171	−8.0558642	−41.2005477	−9.8792476	−36.8267640	−7.4016918
g_4	−0.0003260	−0.0005076	−0.0013195	−0.0018619	−0.0005685	−0.0017724	−0.0007520
g_5	−0.5658300	−0.5443105	−0.4429163	−0.4873159	−0.6162750	−0.4866429	−0.7225028

续表

	MRFO	PSO	GA	DE	CS	GSA	ABC
g_6	−0. 0009963	−0. 0009956	−0. 0009867	−0. 0009881	−0. 0009958	−0. 0009881	−0. 000995464
g_7	−0. 0349563	−7. 8111418	-1.4619×10^3	-1.9336×10^{-9}	−337. 4342952	−157. 5439944	-1.2495×10^3
f_8	1628. 8240216	1777. 943014	4212. 608791	2623. 644245	1866. 190218	2954. 18062	2214. 134876

表4-6　不同优化算法对液压推力轴承设计问题求解的统计结果比较

方法	最坏值	平均值	最优值	方差	评估次数
IPSO	NA	1757. 3768400	1632. 2149	16. 851024	90000
GASO	NA	NA	1950. 2860	NA	16000
GeneAS	NA	NA	2161. 6	NA	NA
BGA	NA	NA	2295. 1	NA	NA
MRFO	2277. 5687497	2031. 5436592	1792. 8179135	284. 1747456	16000
MRFO	1715. 4993064	1651. 2409105	1626. 4216806	28. 8128424	90000

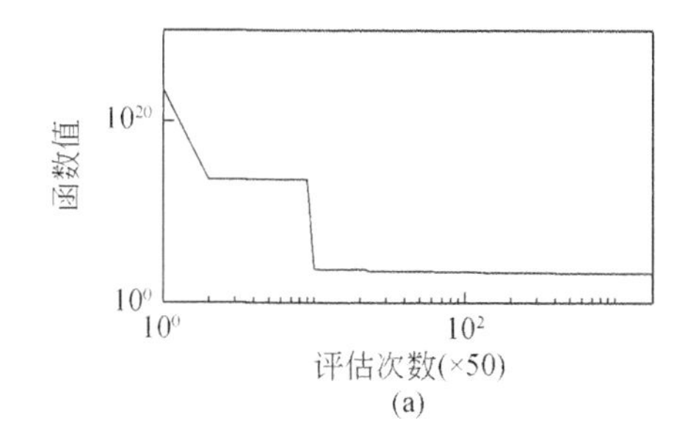

(a)

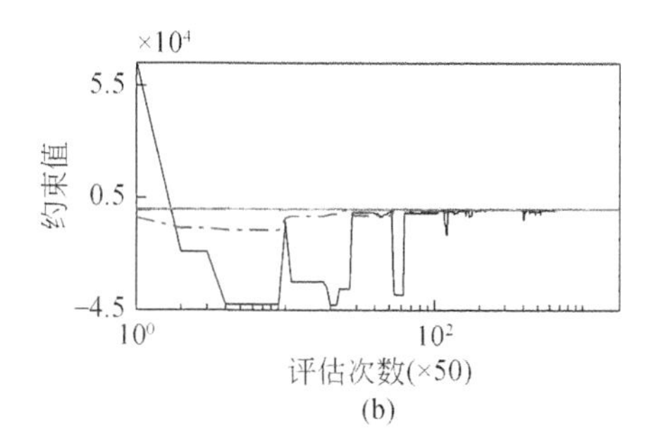

(b)

图4-23　(a) 函数值变化和 (b) 约束值变化

4.4　小　　结

本章提出了一种新的优化方法——蝠鲼觅食优化（MRFO）算法，其灵感来源于蝠鲼的三种智能觅食行为，分别为链式觅食、螺旋觅食和翻滚觅食。该算法仅含少量可调参数，易于实施，因此在许多工程领域具有很大的应用潜力。利用多样的基准函数，包括单峰、多峰、低维和组合函数，从不同角度验证了 MRFO 算法的性能，并与其他知名的优化算法进行了比较，结果表明蝠鲼觅食优化算法表现更为出色。

为了验证其解决实际问题的能力，我们对拉伸/压缩弹簧设计、焊接梁设计和液压推力轴承设计三个实际工程问题进行了研究。比较结果表明，蝠鲼觅食算法不仅在无约束问题上具有强大的全局优化能力，而且在约束问题上也表现得令人满意。它非常适合处理需要指定精度的实际问题，并且计算成本较小。

第5章　蝠鲼觅食优化算法的改进及其在尾水管压力脉动特征识别中的应用

5.1　引　言

混流式水轮机的结构紧凑，效率高，且水头范围十分广泛，故是使用较广泛的水轮机。在水轮机尾水管中，由于气蚀、转轮出口处的旋流等因素的作用，水轮机尾水管中出现了压力脉动。该压力脉动会导致机组和厂房振动，增大工厂的噪声，除此之外还会引起尾部锥管和转轮叶片裂缝等。由此可以看出，水轮机尾水管压力脉动对混流式水电机组能否稳定运行起着决定性作用。

一般从以下四个方面对水轮机尾水管压力脉动特性进行研究（郑源等，2007）。

（1）理论研究。基于水轮机基础理论，并以流体力学与涡运动学为基础，结合建立的数学模型求解尾水管内部流场形态。但理论研究只能定性地描述水轮机尾水管内相关的现象，对于形成压力脉动的复杂机制无法描述。

（2）模型试验。模型试验是将相似原理应用于模型水轮机，并在此基础上进行水轮机运行仿真。模型试验虽然耗材耗力，建立模型的时间也很长，但却是尾水管压力脉动的重要研究方法。

（3）真机试验。该试验是针对不同类型的水轮机进行的现场试验，利用与试验有关的仪器、软件等设备，对各种工况下的压力脉动进行了分析。

（4）数值模拟。该模拟分析技术主要建立在流体力学的基础上，结合相关软件对尾水管内部流动进行模拟。数值模拟方法的花费较小且周期较短，并且随着湍流理论的不断完善和发展，以及计算机等软件设备的计算能力大幅提高，该方法逐渐成为水轮机尾水管涡带的重要研究方法。

将这些方法交叉使用，可以更好地发挥它们的特长，使得水轮机尾水管压力脉动的研究更加深入（任海波等，2023；Sonin et al.，2016）。本书主要通过真机实验获取混流式水轮机压力脉动信号数据，然后对这些信号进行特征识别。

5.2　蝠鲼觅食优化算法的改进

MRFO 算法虽然收敛速度快，但也会导致其早熟，种群多样性变差，容易陷入局部最优解（Zhao et al.，2020）。为了解决这一缺点，分别对 MRFO 算法的初始种群、链式觅食策略和螺旋觅食策略进行了改进，提出了改进的蝠鲼觅食优化算法（ITMRFO），具体改进方法如下。

5.2.1　精英反向学习策略

初始种群（初始解质量）对于种群智能优化算法的寻优性能影响较大。2005 年提出了反向学习策略的概念（黄鹤等，2022），该策略已被证实可以提高近 50% 找到全局最优解的概率，并且已经被应用到多种优化算法之中。精英反向学习的主要思想就是充分利用精英个体的有效信息，在当前个体所在区域产生反向个体，并使反向个体与当前个体一起参与竞争，选取最佳个体作为下一代个体。具体定义如下。

（1）反向值。假设 $x \in \mathbf{R}$ 的取值范围是 $[a, b]$，那么 x 的反向值就表示为 $x'=a+b-x$。

（2）反向点。$X=(x_1, x_2, \cdots, x_D)$，$x_i \in [a_i, b_i]$，$i \in \{1, 2, \cdots, D\}$ 是假设在 D 维空间上存在的一个点，那么 X 点的反向点表示为 $X'=(x_1', x_2', \cdots, x_D')$。

（3）精英反向解。假设当前群体的精英个体位置为：$P_i=(P_{i,1}, P_{i,2}, \cdots, P_{i,D})$，相应的精英反向解为：$P_i^*=[P_{i,1}^*, P_{i,2}^*, \cdots, P_{i,D}^*]$，其定义为

$$P_{i,j}^*=k(\mathrm{d}a_j+\mathrm{d}b_j)-P_{i,j}$$

其中，k 是介于 0 和 1 之间的随机数；$P_{i,j} \in [a_j, b_j]$，$[\mathrm{d}a_j, \mathrm{d}b_j]$ 是群体 G 在第 i 维搜索空间的动态边界，计算公式为：$\mathrm{d}a_j = \min\limits_{1 \leqslant j \leqslant |P|} P_{i,j}^*$，$\mathrm{d}b_j \max\limits_{1 \leqslant j \leqslant |P|} P_{i,j}^*$，其中 $|P|$ 为种群包含的个体数量。

本书把精英反向学习算法用在 MRFO 算法的初始化阶段，构造 MRFO 算法当前种群的反向种群。由于新种群是由反向种群与原始种群组合后得到的，并且新种群个体是按照适应度值大小进行排序的，为了保证挑选的种群质量更优，本书选取新种群的前 50% 的个体 x_k^d 作为初始种群。

5.2.2　自适应 t 分布变异策略

t 分布（李楠等，2022）又称学生分布，它含有参数自由度 n，t 分布的曲线形态和 n 的大小有关，n 越小，t 分布的曲线越平坦。

t 分布概率密度如下表示：

$$p(x)=\frac{\Gamma\left(\frac{n+1}{2}\right)}{\sqrt{n\pi}\,\Gamma\left(\frac{n}{2}\right)} \cdot \left(1+\frac{x^2}{n}\right)^{-\frac{n+1}{2}} \tag{5-1}$$

其中，$\Gamma\left(\frac{n+1}{2}\right)=\int_0^{+\infty} x^{\frac{k+1}{2}-1}\mathrm{e}^{-x}\mathrm{d}x$ 是第 2 类欧拉积分。

当 $t(n\to\infty)\to N(0, 1)$ 时，一般 $n \geqslant 30$，两者偏离可以忽略；当 $t(n=1)=C(0, 1)$ 时，$N(0, 1)$ 为高斯分布，$C(0, 1)$ 为柯西分布。如图 5-1 所示，标准高斯分布和柯西分布是 t 分布的两个边界特例分布。柯西分布尾部曲线是长而平坦的形态，正态分布的尾部曲线是短而陡的形态。与高斯变异相比，柯西变异产生远离亲代的下一代点可能性更大（Shafiei et al.，2015）。

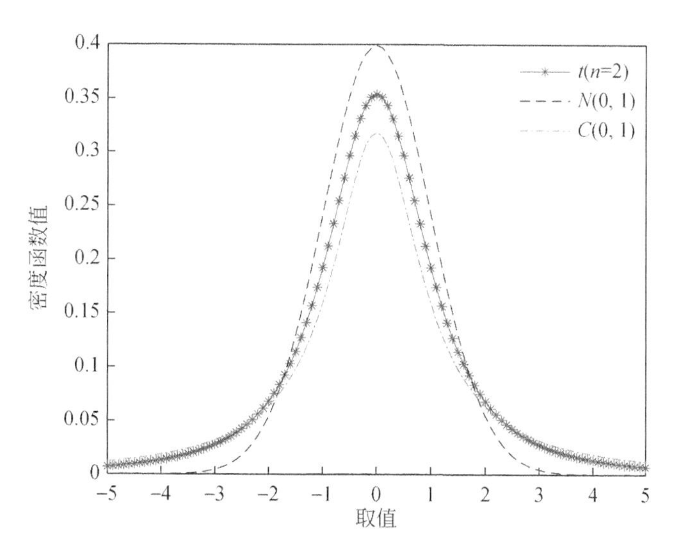

图5-1　柯西分布、t分布和高斯分布概率密度图

在蝠鲼觅食优化算法的链式觅食处，用自适应 t 分布代替链式因子。这是因为在蝠鲼的链式捕食中，其捕食链自始至终都是有序排列的（从头至尾排列）。因此，蝠鲼的下一位置的运动方向和步长是由当前最优解位置与前一个个体位置共同决定的。该算法很容易陷入局部最优，所以利用迭代次数 iter 为 t 分布变异算子对解的位置进行扰动，使算法不仅可以在迭代初期具有较好的全局搜索能力，在迭代后期也能够具有良好的局部探索能力，避免该算法陷入局部最优，并提高算法的收敛速度。

在 MRFO 算法的链式觅食和螺旋觅食中，r 是在［0，1］上均匀分布的随机数，具有随机性和不稳定性，因此将链式觅食和螺旋觅食中与 r 相乘的部分公式删除。

5.2.3　ITMRFO 算法及流程

（1）链式觅食。

$$x_i^d(t+1)=\begin{cases}x_i^d(t)+t[x_{\text{best}}^d-x_i^d(t)], & i=1\\ x_i^d(t)+t[x_{\text{best}}^d-x_i^d(t)], & i=2,\cdots,N\end{cases} \tag{5-2}$$

其中，$x_i^d(t)$ 表示第 t 代、第 i 个个体在维上的位置；$x_{\text{best}}^d(t)$ 表示第 t 代最优个体在第 d 维上的位置；N 表示个体数量。

（2）螺旋觅食。

当 $\frac{t}{T}>\text{rand}$ 时，

$$x_i^d(t+1)=\begin{cases}x_{\text{best}}^d(t)+\beta[x_{\text{best}}^d-x_i^d(t)], & i=1\\ x_{\text{best}}^d(t)+\beta[x_{\text{best}}^d-x_i^d(t)], & i=2,\cdots,N\end{cases} \tag{5-3}$$

$$\beta=2\mathrm{e}^{r_1\frac{T-i+1}{T}}\sin(2\pi r_1) \tag{5-4}$$

其中，β 是螺旋因子；r_1 是在［0，1］上均匀分布的随机数；T 是总迭代次数。

当$\frac{t}{T}\leqslant$rand 时，

$$x_i^d(t+1)=\begin{cases}x_k^d(t)+\beta[x_{\text{rand}}^d-x_i^d(t)], & i=1\\ x_k^d(t)+\beta[x_{\text{rand}}^d-x_i^d(t)], & i=2,\cdots,N\end{cases} \tag{5-5}$$

$$x_{\text{rand}}^d=Lb^d+rUb^d-Lb^d \tag{5-6}$$

其中，x_{rand}^d（t）表示第 t 代、第 d 维的随机位置；x_k^d（t）表示排名前 50% 的种群。

（3）翻滚觅食。

$$x_i^d(t+1)=x_i^d(t)+Sr_2x_{\text{best}}^d-r_3x_i^d(t),\quad i=1,2,\cdots,N \tag{5-7}$$

$$S=2 \tag{5-8}$$

其中，S 是翻滚因子；r_2 和 r_3 均为［0，1］上均匀分布的随机数。

图 5-2 为 ITMRFO 算法的流程图，改进后的蝠鲼觅食优化算法的具体步骤为：首先随机生成蝠鲼种群的位置，随机利用精英反向学习策略对初始种群进行优化，并只选取优化后种群的前 50%；若 rand 小于 0.5，就进行链式觅食，此时采用自适应 t 分布代替链式因子更新蝠鲼种群位置；若 rand 大于或等于 0.5，则进行螺旋觅食；通过翻滚觅食更新种群位置，并判断是否达到最大迭代次数，若达到最大迭代次数就结束，否则重新来过。

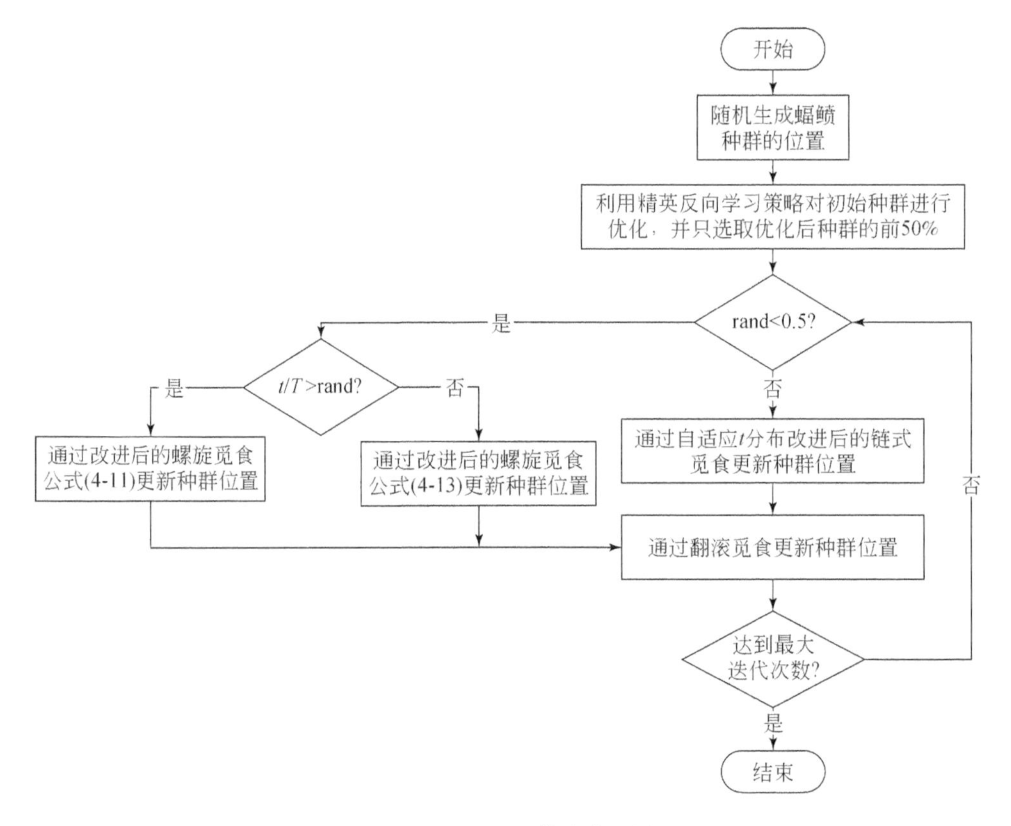

图 5-2　ITMRFO 算法流程图

5.2.4　性能测试

为了验证由本书提出的ITMRFO算法的性能，选取10个常用的基本测试函数对ITMRFO算法的寻优性能进行测试。将麻雀算法（SSA）、粒子群算法（PSO）、蝠鲼觅食优化（MRFO）算法和改进的蝠鲼觅食优化（ITMRFO）算法这四种智能优化算法做对比测试。这四种智能优化算法的参数设置如表5-1所示，所选的10个测试函数如表5-2所示，这四种智能优化算法对所选的10个测试函数的测试结果如表5-3所示。

表5-1　算法参数表

算法	主要参数
SSA	预警值ST=0.6，发现者比重ST=0.7，加入者比重ST=0.3，意识到有危险的麻雀比重ST=0.2
PSO	惯性权重$\omega=0.9$，学习因子$c_1=c_2=2$
MRFO	翻滚因子$S=2$
ITMRFO	翻滚因子$S=2$

表5-2　测试函数

表达式	维度	峰值
$F_1(X)=\sum_{i=1}^{n}x_i^2$	30	单峰
$F_2(X)=\sum_{i=1}^{n}(\sum_{j=1}^{n}x_j)^2$	30	单峰
$F_3(X)=\max\{\lvert x_i\rvert,\ 1\leqslant i\leqslant n\}$	30	单峰
$F_4(X)=\sum_{i=1}^{n}ix_i^4+\text{random}[0,\ 1)$	30	单峰
$F_5(X)=\sum_{i=1}^{n}[x_i^2-10\cos(2\pi x_i)+10]$	30	多峰
$F_6(X)=-20\exp\left(-0.2\sqrt{\frac{1}{n}\sum_{i=1}^{n}x_i^2}\right)-\exp\left[\frac{1}{n}\sum_{i=1}^{n}\cos(2\pi x_i)\right]+20+e$	30	多峰
$F_7(X)=\frac{1}{4000}\sum_{i=1}^{n}x_i^2-\prod_{i=1}^{n}\cos\frac{x_i}{\sqrt{i}}+1$	30	多峰
$F_8(X)=4x_1^2-2.1x_1^4+\frac{1}{3}x_1^6+x_1x_2-4x_2^2+4x_2^4$	2	多峰
$F_9(X)=-\left(x_2-\frac{5.1}{4\pi^2}x_1^2+\frac{5}{\pi}x_1-6\right)^2+10\left(1-\frac{1}{8\pi}\right)\cos x_1+10$	2	多峰
$F_{10}(X)=-\sum_{i=1}^{4}c_i\exp\left[-\sum_{j=1}^{3}a_{ij}(x_j-p_{ij})^2\right]$	3	多峰

表 5-3 测试结果

函数	取值	SSA	PSO	MRFO	ITMRFO
$F_1(X)$	最优值	0	2.259×10	0	0
	最差值	1.131×10^{-42}	6.567×10^{2}	0	0
	平均值	3.768×10^{-44}	3.209×10^{2}	0	0
	标准差	2.064×10^{-43}	1.655×10^{2}	0	0
$F_2(X)$	最优值	0	1.256×10^{3}	0	0
	最差值	8.541×10^{-31}	2.775×10^{4}	0	0
	平均值	2.847×10^{-32}	7.813×10^{3}	0	0
	标准差	1.559×10^{-31}	5.839×10^{3}	0	0
$F_3(X)$	最优值	0	6.623	1.339×10^{-211}	1.012×10^{-310}
	最差值	1.290×10^{-40}	1.455×10	7.979×10^{-202}	5.639×10^{-284}
	平均值	4.299×10^{-42}	1.019×10	6.148×10^{-203}	1.879×10^{-285}
	标准差	2.355×10^{-41}	2.301	0	0
$F_4(X)$	最优值	1.928×10^{-4}	4.278×10^{-2}	7.787×10^{-6}	3.472×10^{-6}
	最差值	1.739×10^{-3}	1.885×10	4.609×10^{-4}	3.565×10^{-4}
	平均值	6.451×10^{-4}	1.928	1.382×10^{-4}	7.789×10^{-5}
	标准差	4.245×10^{-4}	4.819	1.184×10^{-4}	8.612×10^{-5}
$F_5(X)$	最优值	0	1.545×10^{2}	0	0
	最差值	0	2.581×10^{2}	0	0
	平均值	0	1.976×10^{2}	0	0
	标准差	0	3.043×10	0	0
$F_6(X)$	最优值	8.882×10^{-16}	4.394	8.882×10^{-16}	8.882×10^{-16}
	最差值	8.882×10^{-16}	7.403	8.882×10^{-16}	8.882×10^{-16}
	平均值	8.882×10^{-16}	5.813	8.882×10^{-16}	8.882×10^{-16}
	标准差	0	0.920	0	0
$F_7(X)$	最优值	0	1.924	0	0
	最差值	0	7.859	0	0
	平均值	0	4.054	0	0
	标准差	0	1.509	0	0
$F_8(X)$	最优值	−1.032	−1.032	−1.032	−1.032
	最差值	−1.032	−1.032	−1.032	−1.032
	平均值	−1.032	−1.032	−1.032	−1.032
	标准差	8.654×10^{-8}	7.299×10^{-5}	6.584×10^{-16}	6.116×10^{-16}

续表

函数	取值	SSA	PSO	MRFO	ITMRFO
$F_9(X)$	最优值	0. 398	0. 398	0. 398	0. 398
	最差值	0. 398	0. 398	0. 398	0. 398
	平均值	0. 398	0. 398	0. 398	0. 398
	标准差	4.968×10^{-7}	1.645×10^{-5}	0	0
$F_{10}(X)$	最优值	−3. 863	−3. 863	−3. 863	−3. 863
	最差值	−3. 863	−3. 855	−3. 863	−3. 863
	平均值	−3. 863	−3. 860	−3. 863	−3. 863
	标准差	3.607×10^{-5}	3.711×10^{-3}	2.654×10^{-15}	1.407×10^{-13}

由表 5-3 的测试结果可以看出，ITMRFO 算法对这 10 个测试函数进行迭代寻优后所得的最优值、最差值、平均值和标准差几乎都小于或等于其他三种优化算法所得的结果。由此可以得出，ITMRFO 算法具有较好的稳定性和寻优精度，从而验证了 ITMRFO 算法的有效性。

5. 3　概率神经网络

概率神经网络（probabilistic neural network，PNN）是 1989 年提出的基于 RBF 网络的重要变形（Specht，1990；Wu et al.，2007），它是一种基于贝叶斯决策规则的神经网络技术，属于前馈网络的一种。

5. 3. 1　概率神经网络基础理论

1. Bayes 决策理论

概率神经网络是一种基于贝叶斯最小风险准则的并行算法（Vilar et al.，2006）。PNN 的判别边界接近贝叶斯最优决策面，神经网络的计算过程非常类似于最大后验概率准则。

假设存在一个二分类的分类问题，γ_A 和 γ_B 分别为类别 γ 的 A 类和 B 类，可以用向量 $X=[X_1, X_2, \cdots, X_N]$ 来表示，X_i 为类别 γ 的第 i 个特征。进行分类的依据为

$$\begin{cases} P(X)=\gamma_A, & h_A l_A f_A(X)>h_B l_B f_B(X) \\ P(X)=\gamma_B, & h_A l_A f_A(X)<h_B l_B f_B(X) \end{cases} \tag{5-9}$$

其中，$f_A(X)$，$f_B(X)$分别为类别 γ_A 和 γ_B 的概率密度函数，$f_A(X)=Kf_B(X)$是 $P(X)=\gamma_A$ 和 $P(X)=\gamma_B$ 之间的区域界线；l_A，l_B 分别为类别 γ_A 和 γ_B 的误判损失函数；h_A，h_B 分别代表 γ_A 和 γ_B 的先验概率，且 $h_A+h_B=1$。

2. 基于 Parzen 窗的 $f(X)$ 估计方法

不同的概率密度函数 $f(X)$ 对贝叶斯判别面的边界的精确度有直接影响，故对 $f(X)$

的估计提出了一种基于 Parzen 窗的方法，如下所示：

$$f_{\mathrm{A}}(x)=\frac{1}{(2\pi)^{P/2}\delta^{P}}\frac{1}{m}\sum_{i=1}^{m}\exp\left[-\frac{(X-X_{ai})^{\mathrm{T}}(X-X_{ai})}{2\delta^{2}}\right] \tag{5-10}$$

其中，X_{ai}为类别 γ_{A} 的第 i 个空间向量；m 为类别 γ_{A} 的训练样本类别，即训练模式数目；δ 是 PNN 的平滑因子；P 是空间的维数。

5.3.2　概率神经网络特点及结构

与传统神经网络相比，PNN 的主要优点为：

（1）PNN 很容易训练，而且训练的时间只略长于读取数据的时间；

（2）无须多次计算就可以得到收敛的贝叶斯优化解；

（3）无论是增加还是减少训练数据，都不需要再重复进行长时间的训练。

一个典型的 PNN 可以分为四层，并且各层神经元的数目比较固定，这有利于硬件的实现。其结构如图 5-3 所示。

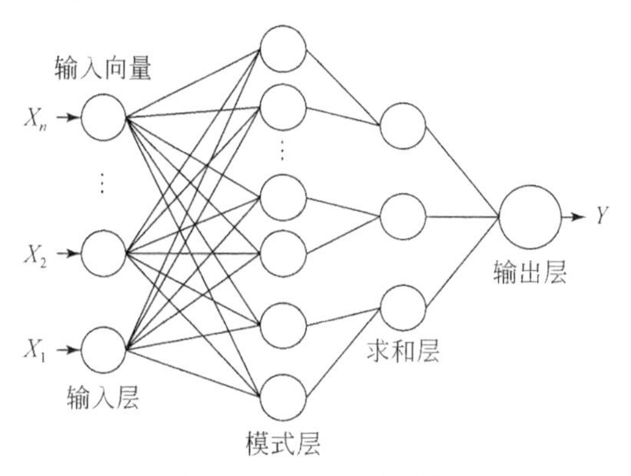

图 5-3　PNN 基本结构

输入层就是把特征向量输入到神经网络，不做任何计算。

模式层将由输入层得来的特征向量与训练集中每个模式之间的匹配关系进行计算，该层各模式单元的输出为

$$P(X,W_{a})=\exp\left[-\frac{(X-W_{a})^{\mathrm{T}}(X-W_{a})}{2\delta^{2}}\right] \tag{5-11}$$

其中，W_a 为识别样本，也是 PNN 中连接输入值和模态的权值；a 为训练样本的个数；δ 为平滑因子，对于 PNN 的性能起重要作用。

求和层就是把模式层中同一个类的神经元输出相加并作平均，表示为

$$f(x)=\frac{\sum_{a=1}^{N}P(X,W_{a})}{N} \tag{5-12}$$

输出层是由竞争神经元构成的，接收求和层的输出，作简单的阈值判别，最终得出特征线向量对应的类别，表示为

$$Y=\operatorname{argmax}f(x) \tag{5-13}$$

5.4 利用 MRFO 算法和 ITMRFO 算法优化概率神经网络

传统的神经网络由于结构复杂，需要对大量的数据进行训练，从而影响了神经网络的泛化能力和准确识别能力。相比之下，概率神经网络模型具有使用的参数较少以及不需要对初始权值进行设置等优点，从而减少了影响模型参数的人为主观性和网络结构中的随机性。

PNN 是一种利用贝叶斯最小风险准则解决模式分类问题的并行方法。概率神经网络使用输入训练样本进行“训练”，以建立网络的大小、神经元质心、连接阈值和权重。该神经网络的阈值决定了径向基函数的宽度，阈值的大小与径向基函数的衰减程度成正比（阈值越大，径向基函数衰减就会越大，输入向量离权向量越远），由此可得阈值的大小会影响 PNN 的精度。而 PNN 的平滑因子 δ 又是根据样本间的最小平均距离进行估计的。因此，同一数据点也可能会使 PNN 模型的平滑系数估算发生偏差，从而影响 PNN 模型的运行状态和精度。平滑因子和阈值是相对应的关系，所以只需要对 PNN 的平滑因子 δ 进行优化，优化后的 δ 会自动调整 PNN 模式层的阈值，从而实现对 PNN 精度的调整。

ITMRFO 算法具有较强的全局搜索能力，适合对 PNN 的平滑因子 δ 进行优化，本书用 ITMRFO 算法优化 PNN 神经网络的平滑因子 δ，构建 ITMRFO-PNN 识别模型。同时，采用 MRFO 算法对 PNN 的平滑因子 δ 进行优化，构建 MRFO-PNN 识别模型。

5.4.1 MRFO 算法优化概率神经网络

采用 MRFO 算法对 PNN 的平滑因子 δ 进行优化。MRFO-PNN 模型的流程图如图5-4 所示，具体步骤如下：

（1）提取混流式水轮机尾水管压力脉动特征，对数据进行归一化处理，将数据分为训练样本和测试样本，并输入训练样本数据对 MRFO-PNN 模型进行训练；

（2）设置蝠鲼参数并初始化种群，选取最优适应度个体；

（3）判断 rand<0.5 是否成立，如果成立则执行螺旋觅食，如果不成立则执行链式觅食并得到适应度值；

（4）判断 rand$<t/T$ 是否成立，如果成立则用式（5-3）更新最优位置，若不成立用式（5-5）更新最优位置；

（5）执行翻滚觅食，更新种群位置并且计算适应度值；

（6）判断是否达到最大迭代次数，如果达到最大迭代次数，则输出最优种群位置（即 PNN 的最佳平滑因子），否则重复步骤（2）~（6）；

（7）将优化得到的最优平滑因子输入 PNN，对压力脉动特征进行识别。

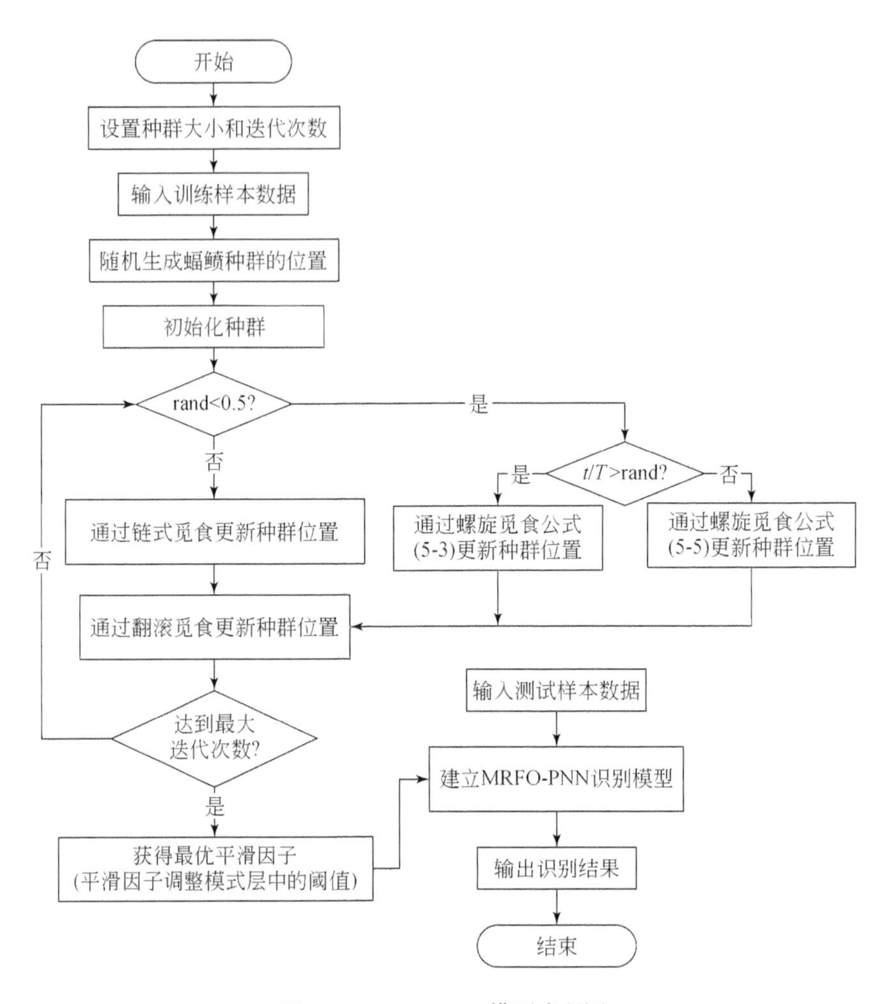

图 5-4　MRFO-PNN 模型流程图

5.4.2　ITMRFO 算法优化概率神经网络

采用 ITMRFO 算法对 PNN 的平滑因子进行优化。ITMRFO-PNN 流程图如图 5-5 所示，具体步骤如下：

（1）提取混流式水轮机尾水管压力脉动特征，对数据进行归一化处理，将数据分为训练样本和测试样本，并输入训练样本数据对 ITMRFO-PNN 模型进行训练；

（2）设置蝠鲼参数并用精英反向学习算法初始化种群，并选取排名前 50% 的种群作为新种群，选取适应度最优个体；

（3）判断 rand<0.5 是否成立，如果成立则执行螺旋觅食，如果不成立则执行链式觅食，将与 r 相乘的式子删除，并采用自适应 t 分布代替链式因子更新种群位置，得到适应度值；

（4）执行螺旋觅食（将与 r 相乘的式子全部删除）并判断 rand$<t/T$ 是否成立，如果

成立则用式（5-11）更新最优种群位置，若不成立则用式（5-13）更新最优种群位置；

（5）执行翻滚觅食，更新种群位置并且计算适应度值；

（6）判断是否达到最大迭代次数，如果达到最大迭代次数，则输出最优种群位置（即PNN的最佳平滑因子），否则重复步骤（2）～（6）；

（7）将优化得到的最优平滑因子输入PNN，对压力脉动特征进行识别。

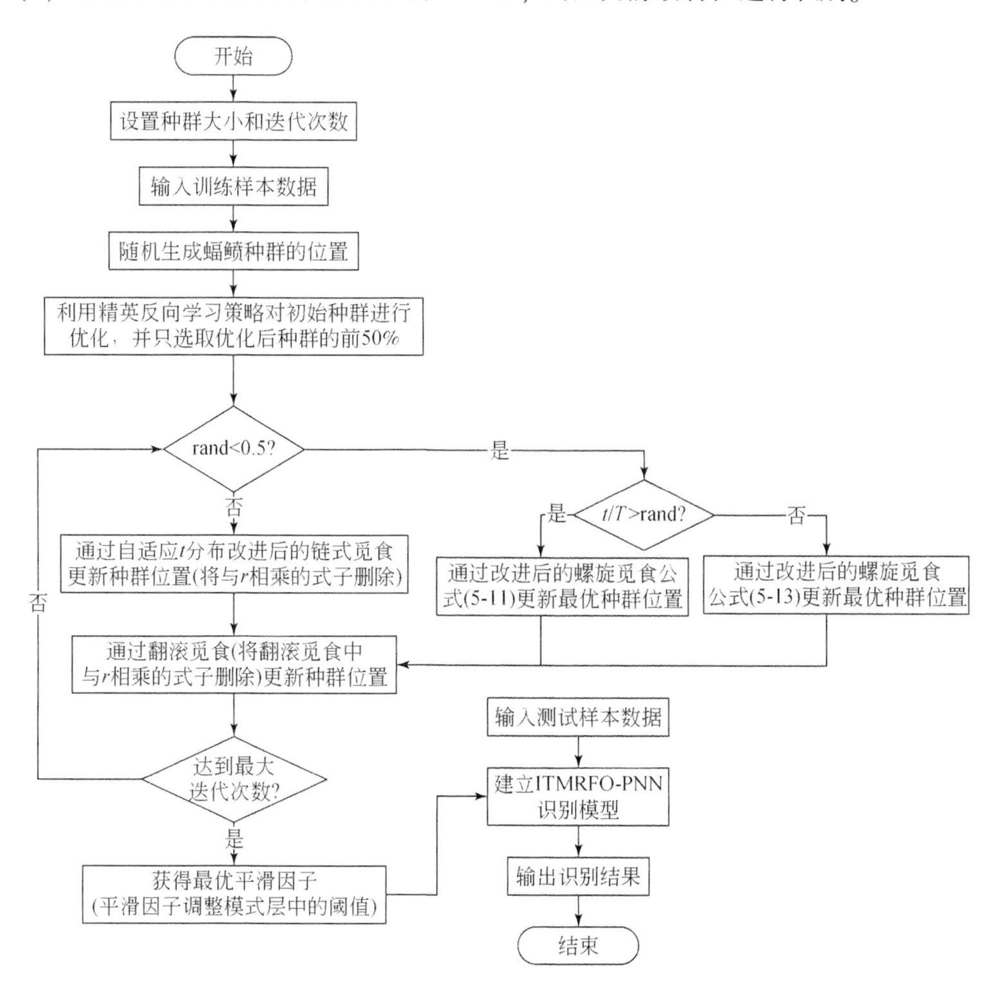

图5-5　ITMRFO-PNN模型流程图

5.5　尾水管压力脉动特征识别

5.5.1　实验数据采集

张河湾抽水蓄能电站位于河北省石家庄市。总装机容量为100万千瓦，共有4台25万千瓦的单级混流可逆式水泵水轮发电机组，它们型号相同，并且运行状态正常。本次实验主要对这四台机组尾水管的压力脉动进行研究。具体操作为：选用 INV9828 压电式加速度传感器提取尾水管压力脉动数据，在这 4 台机组的尾水管进口处和出口处各设置一个振动测点，然后分三次不同时间记录在抽水时这四个机组各自振动测点的压力脉动数据，分三次不同时间记录在发电时这四个机组各自振动测点的压力脉动数据，最后对这四台机组的尾水管压力脉动数据（共 48 组数据）进行分析。

表 5-4 和表 5-5 为这四台水轮机组共 48 组数据编号。表 5-6 为 1 号机组部分压力脉动数据。

表 5-4　1 号机组和 2 号机组的测试数据

1 号机组				2 号机组			
抽水入	抽水出	发电入	发电出	抽水入	抽水出	发电入	发电出
11a	11b	11c	11d	21a	21b	21c	21d
12a	12b	12c	12d	22a	22b	22c	22d
13a	13b	13c	13d	23a	23c	23c	23d

表 5-5　3 号机组和 4 号机组的测试数据

3 号机组				4 号机组			
抽水入	抽水出	发电入	发电出	抽水入	抽水出	发电入	发电出
31a	31b	31c	31d	41a	41b	41c	41d
32a	32b	32c	32d	42a	42b	42c	42d
33a	33b	33c	33d	43a	43b	43c	43d

表 5-6　1 号机组部分压力脉动数据

序号	11a	11b	序号	11c	11d
1	0. 561	0. 601	1	0. 501	0. 54
2	0. 561	0. 601	2	0. 501	0. 54
3	0. 561	0. 601	3	0. 501	0. 54
4	0. 561	0. 601	4	0. 501	0. 54
5	0. 561	0. 601	5	0. 501	0. 54
6	0. 561	0. 601	6	0. 501	0. 54
7	0. 561	0. 601	7	0. 501	0. 54
8	0. 561	0. 601	8	0. 501	0. 54
9	0. 561	0. 601	9	0. 501	0. 54
10	0. 561	0. 601	10	0. 501	0. 54
11	0. 561	0. 601	11	0. 501	0. 54
12	0. 561	0. 601	12	0. 501	0. 54
13	0. 561	0. 601	13	0. 501	0. 54
14	0. 561	0. 601	14	0. 501	0. 54

将同一机组进、出口振动点的实测数据合并为一组数据，最后，对 4 台机组尾水管压力脉动数据（共 24 组数据）进行了分析。从表 5-7 可以看到这 24 组测试数据的编号（这四台机组的型号一致，且都处于正常运行状态）。

表 5-7　24 组测试数据编号

1 号机组		2 号机组		3 号机组		4 号机组	
抽水 1	发电 1	抽水 2	发电 2	抽水 3	发电 3	抽水 4	发电 4
11A	11B	21A	21B	31A	31B	41A	41B
12A	12B	22A	22B	32A	32B	42A	42B
13A	13B	23A	23B	33A	33B	43A	43B

采用一维离散小波变换（孙洁琪等，2022）对这 24 组压力脉动振动数据进行分解和重构（抽水时和发电时的压力脉动数据各为 12 组），提取低频系数 ca1 ~ ca3 和高频系数 ch1 ~ ch3，然后再对该数据进行二维离散小波变换处理，对该数据进行二维重构，并提取其重构系数 a1、v1、d1。

每组数据都提取了 ca1 ~ ca3、ch1 ~ ch3、a1、v1 和 d1 这 9 种特征向量。其中，ca1 ~ ca3 表示小波一维分解第一层至第三层低频系数，ch1 ~ ch3 表示一维小波分解第一层至第三层高频系数，a1、v1、d1 分别为二维重构低频系数、二维重构高频系数垂直方向分量、二维重构高频系数对角方向分量。

图 5-6 是采用离散小波变换对 1 号机组尾水管（数据 11A）在抽水过程中的进水口的压力脉动信号进行分解和重构，得到 ca1 ~ ca3、ch1 ~ ch3、a1、v1 和 d1 的系数图。图 5-7 是采用离散小波变换对 1 号机组尾水管（数据 11B）在发电过程中进水口的压力脉动信号进行分解和重构，得到 ca1 ~ ca3、ch1 ~ ch3、a1、v1 和 d1 的系数图。（图 5-6 和图 5-7 中的小波系数在小波域中的横纵坐标无实际意义，故没有单位。）

每组数据都包含了混流式水轮机尾水管进出口两个振动测点的数据，计算各组数据 ca1 ~ ca3、ch1 ~ ch3、a1、v1 和 d1 的最大值、最小值、平方和及标准差作为特征向量，每组数据有 36×2 个特征向量。由于一共只有 24 组数据，数据量过小，因此，将这 24 组数据循环重复 100 次，最终得到 2400 组数据，然后将这 2400 组数据作为特征向量矩阵，采用模糊 C 均值（fuzzy C-means，FCM）算法（Bezdek et al.，1984）对其进行聚类。FCM 算法是一种基于划分的聚类算法，该算法通过对目标函数进行优化，得到每个样本点对所有类中心的隶属度，并以此决定样本点的类属，实现自动对样本数据进行分类的目的。采用 FCM 算法对提取的特征进行聚类，令聚类中心为 4，将水轮机尾水管压力脉动信号特征依据自身的特点分为 4 类，即把 2400 个样本分为四类，分类结果为：第 1 类样本有 899 个，第 2 类样本有 901 个，第 3 类样本有 300 个，第 4 类样本有 300 个。从上述四种分类结果中随机抽取每类 50 个样本，共 200 个样本，每个数据样本的前 72 列是样本的特征向量，第 73 列是分类的类别，分别用数字 1、2、3 和 4 表示。将以上这 4 类样本作为 PNN、MRFO-PNN 和 ITMRFO-PNN 三种网络模型的训练样本和测试样本，分别对这三种模型进行训练和测试。

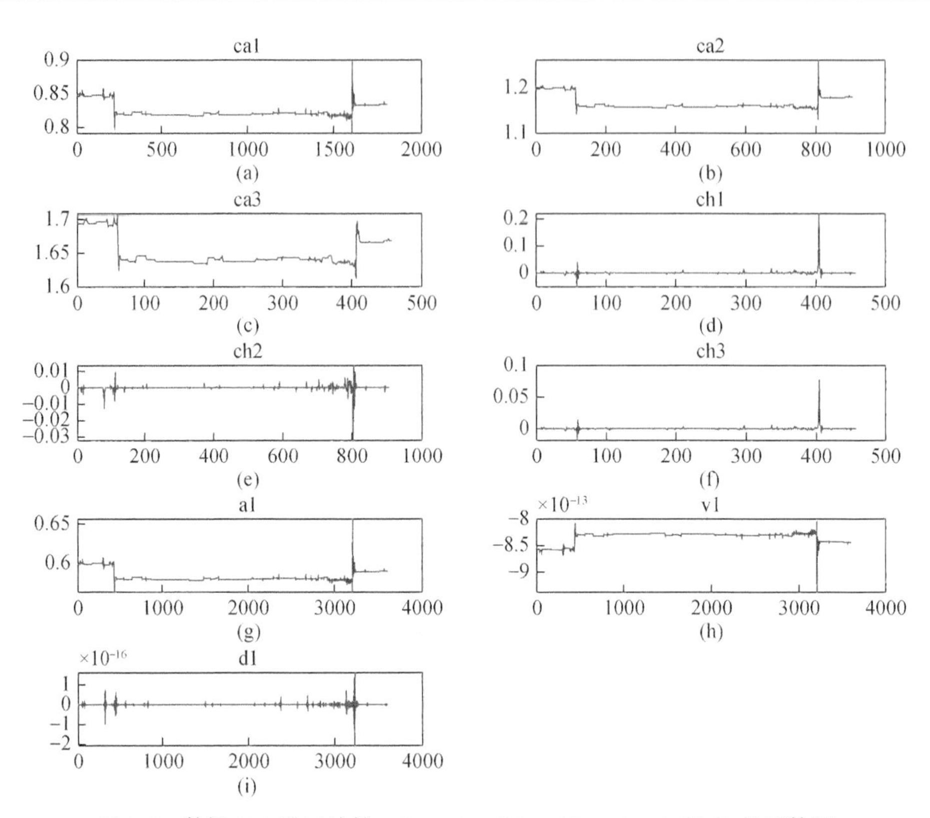

图 5-6　数据 11A 进口处的 ca1 ~ ca3、ch1 ~ ch3、a1、v1 和 d1 的系数图

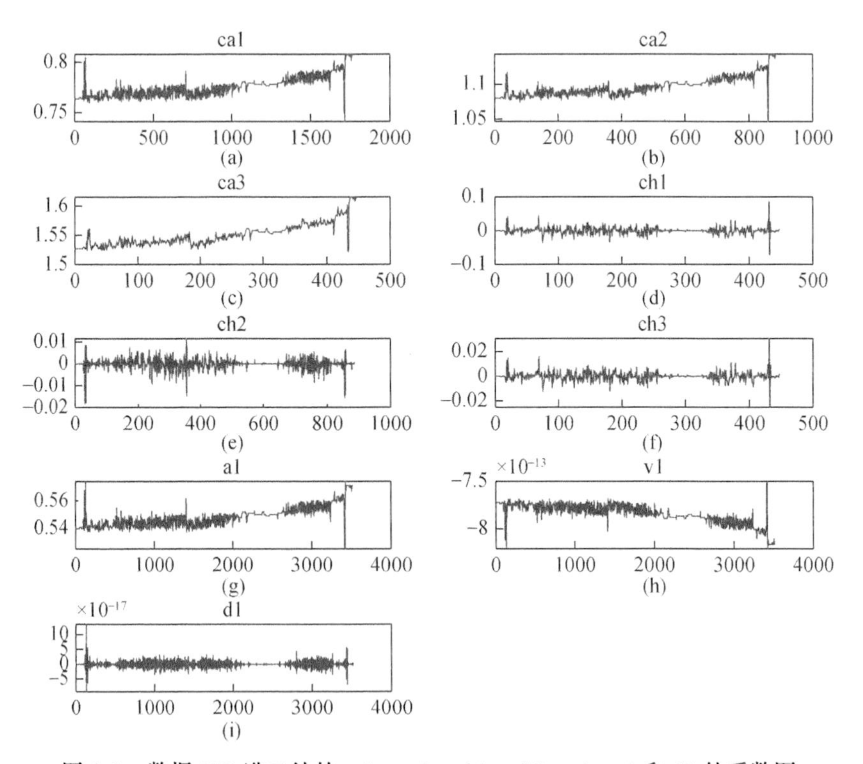

图 5-7　数据 11B 进口处的 ca1 ~ ca3、ch1 ~ ch3、a1、v1 和 d1 的系数图

5.5.2　建立网络模型的输入和输出

PNN模型适用于识别问题，其强大的非线性分类识别能力，要求包含特征向量信息量最大的特征样本，这些特征使其具有唯一性。对于不同的平滑系数，测试样本的准确率随着训练样本准确率的增加而增加，随着训练样本准确率的降低而降低，即所建立的PNN模型对测试样本的分类性能可以用对训练样本的分类性能来表示。因此，通过优化概率神经网络的平滑因子来提高PNN模型的分类精度（优化后的平滑因子会自动调整模式层的阈值）。

为了让PNN模型在计算过程中使网络分类精度更优，首先，利用ITMRFO算法对PNN平滑因子进行优化，建立了ITMRFO-PNN识别模型；同时用MRFO算法优化PNN的平滑因子，建立了MRFO-PNN识别模型；最后，利用MATLAB软件分别对这三种网络模型进行仿真实验，并对比PNN模型、MRFO-PNN模型与ITMRFO-PNN模型的识别结果。

由前面的研究结果可知，一共有200个样本，每个样本的前72列是提取的特征向量，作为PNN、MRFO-PNN和ITMRFO-PNN这三种网络模型的输入；第73列是这三种网络模型的输出，也就是特征的类别，分别用数字1，2，3，4表示。设置MRFO-PNN和ITMRFO-PNN模型的初始参数：最大迭代次数为30次，蝠鲼的种群数量为30。

把这200个样本分为训练样本和测试样本，分别用PNN、MRFO-PNN和ITMRFO-PNN三种网络模型训练样本和识别样本进行识别，然后比较这三种网络模型的识别效果。具体步骤为：

（1）首先，随机从这200个样本中选取120个样本作为训练样本，对PNN、MRFO-PNN和ITMRFO-PNN模型进行训练；

（2）对这三种模型进行构建，这三种网络模型包括80个模式层（对应80个测试样本）、4个输出层（对应4个分类类别）和72个输入层（对应72个特征向量）；

（3）最后，将经过训练的PNN、MRFO-PNN和ITMRFO-PNN模型对80组测试样本进行识别，并将这80组样本按照其分类类别1～4的顺序排列，以此建立概率神经网络的特征识别模型；

（4）将这三种网络模型识别结果进行对比。

采用PNN模型、优化后的MRFO-PNN和优化后的ITMRFO-PNN模型分别对压力脉动信号特征进行识别。具体的处理过程如图5-8所示。具体流程如下：

（1）采用离散小波变换对提取的压力脉动信号数据进行分解和重构，并提取ca1～ca3、ch1～ch3、a1、v1和d1这九种系数，计算其最大值、最小值、平均值和标准差作为特征向量；

（2）采用FCM算法将压力脉动特征信号分为4类；

（3）采用PNN模型、MRFO-PNN和ITMRFO-PNN模型分别对特征进行识别，并将识别结果进行对比。

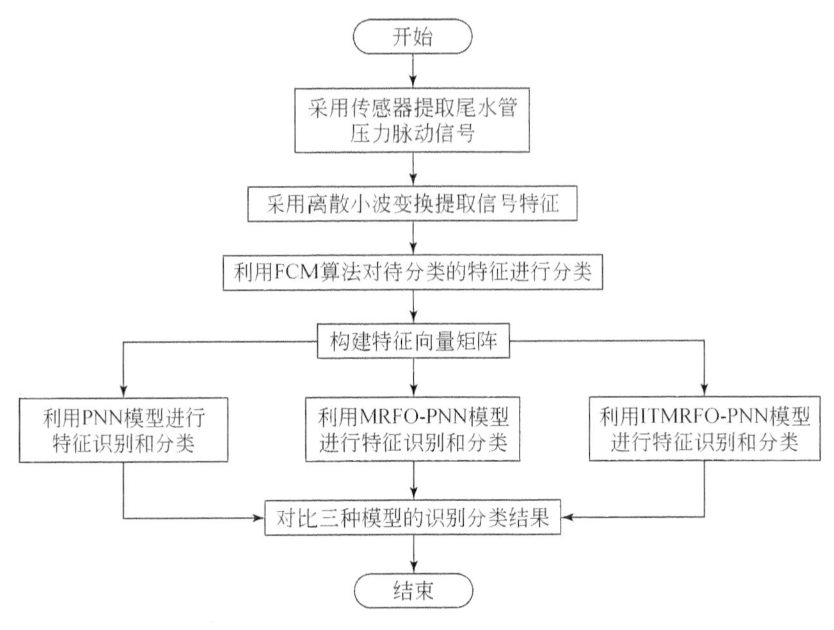

图 5-8　特征识别过程流程图

5.5.3　压力脉动特征识别结果与分析

如果平滑因子的值过小，概率神经网络中的径向基神经元将无法响应所有由输入向量张成的区间，如果平滑因子的值太大，就会导致网络计算复杂化。因此，在整个实验的计算阶段，需要手动选择平滑因子的取值来评估识别效果。当 PNN 模型中的平滑因子选择 0.9 时，网络识别效果最好。

总共选取了 200 组样本，随机选取 120 组样本作为训练样本，剩余的 80 组样本作为测试样本，经 PNN、MRFO-PNN 和 ITMRFO-PNN 模型训练后，这三种网络识别模型的对比结果如图 5-9 和图 5-10 所示。

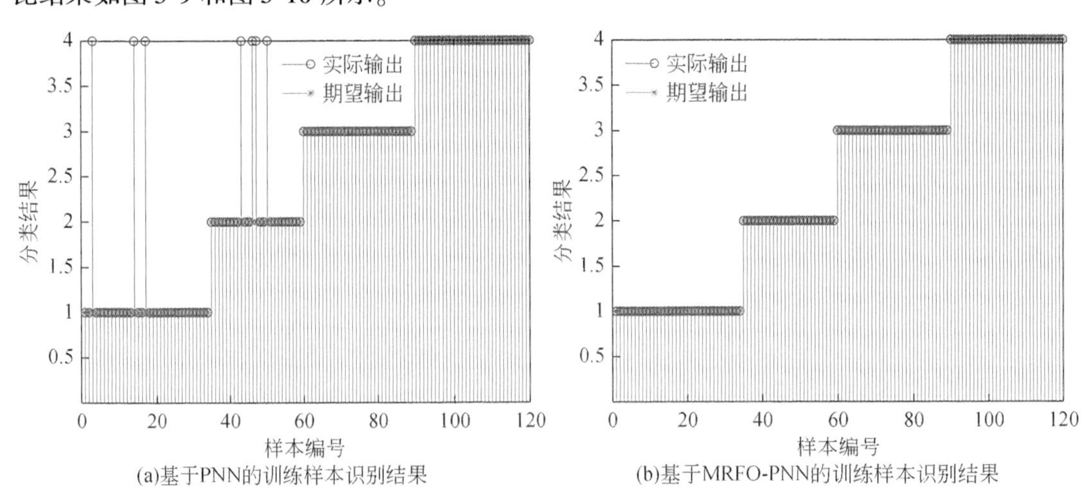

(a)基于PNN的训练样本识别结果　　(b)基于MRFO-PNN的训练样本识别结果

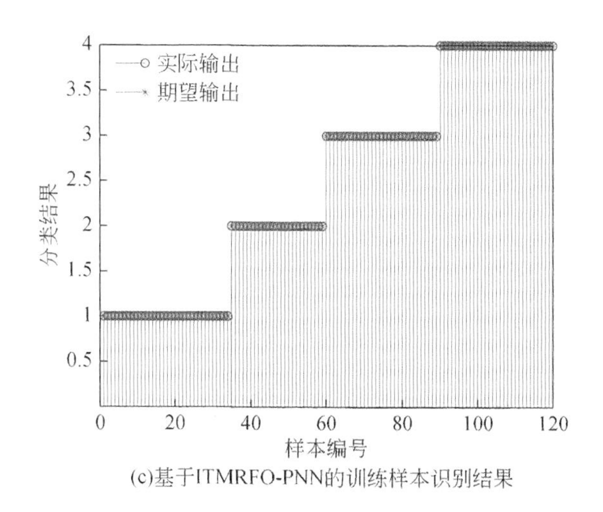

(c)基于ITMRFO-PNN的训练样本识别结果

图5-9　PNN、MRFO-PNN和ITMRFO-PNN训练对比图

从图5-9可以看出，横坐标代表训练样本数，纵坐标代表分类结果。模式类别1的训练样本为1~34，模式类别2的训练样本为35~59，模式类别3的训练样本为60~89，模式类别4的训练样本为90~120。PNN模型训练识别值和真实值并不相同，有7个样本错误，故该模型的训练准确率为94.17%，识别准确率较高。而MRFO-PNN和ITMRFO-PNN模型训练识别值和真实值完全相同，有0个样本错误，这两种模型的训练准确率均为100%，识别十分准确。此时MRFO-PNN模型的平滑因子为0.3374，阈值为1.01；ITMRFO-PNN模型的平滑因子为0.3379，阈值为1.01。

为了进一步测试PNN、MRFO-PNN和ITMRFO-PNN模型这三种网络模型的外推性能，用图5-9中的经120个训练样本训练好的三个识别模型对剩下的80个测试样本进行识别，结果如图5-10所示。

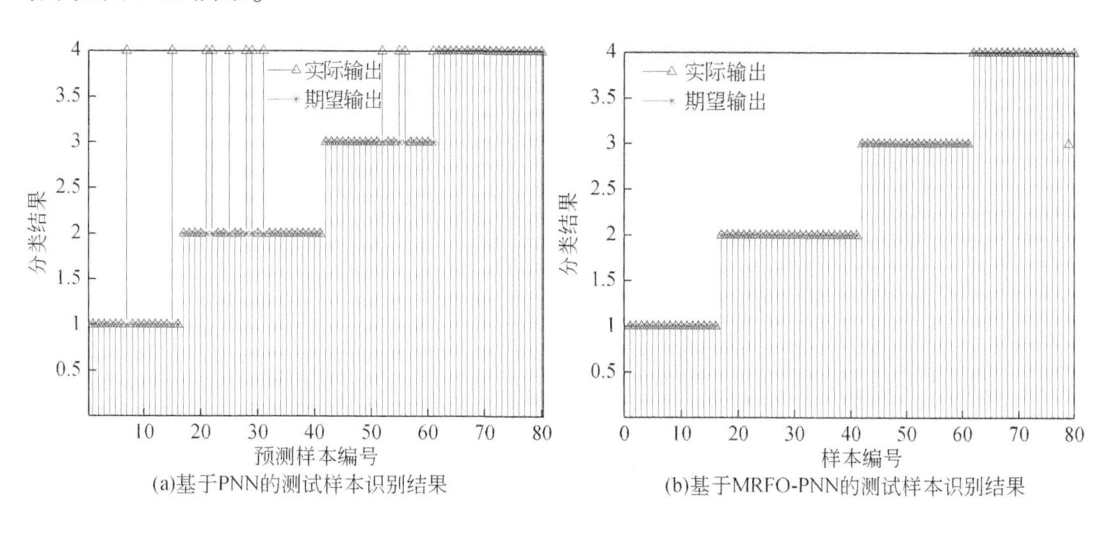

(a)基于PNN的测试样本识别结果　(b)基于MRFO-PNN的测试样本识别结果

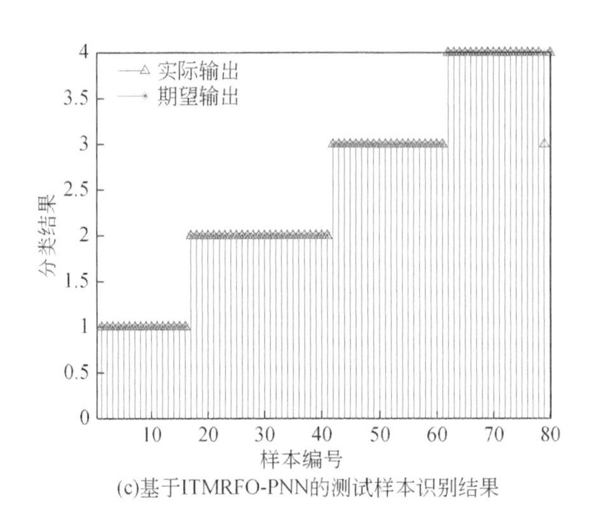

(c)基于ITMRFO-PNN的测试样本识别结果

图 5-10　PNN、MRFO-PNN 和 ITMRFO-PNN 识别结果对比图

从图 5-10 可以看出，横坐标代表测试样本数，纵坐标代表分类结果。模式类别 1 的测试样本（预测样本）为 1 ~ 16，模式类别 2 的测试样本为 17 ~ 41，模式类别 3 的测试样本为 42 ~ 61，模式类别 4 的测试样本为 62 ~ 80。PNN 模型样本类别的识别结果和真实类别并不相同，有 12 个样本识别错误，故该模型的训练准确率为 85%，识别准确率较高。而 MRFO-PNN 和 ITMRFO-PNN 模型样本类别的识别结果和真实类别不相同，有 1 个样本错误，这两种模型的训练准确率均为 98.75%，识别准确率极高。由此可得，PNN 模型可以用于水轮机尾水管压力脉动特征识别，且识别准确率较高；而 MRFO-PNN 和 ITMRFO-PNN 模型对水轮机尾水管压力脉动特征识别的准确率远高于 PNN 模型，这表明用蝠鲼觅食优化算法优化概率神经网络和用改进后的蝠鲼觅食优化算法优化概率神经网络的识别效果，均比没有经过优化的概率神经网络识别效果好。PNN、MRFO-PNN 和 ITMRFO-PNN 模型对混流式水轮机尾水管压力脉动信号特征（80 个测试样本）识别的结果如表 5-8 所示。

表 5-8　尾水管压力脉动信号特征识别结果

识别方法	类别 1	类别 2	类别 3	类别 4	准确率/%
PNN	14/16	19/25	16/20	19/19	85（68/80）
MRFO-PNN	16/16	25/25	20/20	18/19	98.75（79/80）
ITMRFO-PNN	16/16	25/25	20/20	18/19	98.75（79/80）

由表 5-8 可以得出，PNN 模型只有在尾水管压力脉动特征类别 4 中没有识别错误，在类别 1 中有 2 个识别错误，在类别 2 中有 6 个识别错误，在类别 3 中有 4 个识别错误，该模型的总识别率达到 85%（68/80）。MRFO-PNN 和 ITMRFO-PNN 模型均在尾水管压力脉动特征类别 4 中有一个识别错误，这两个模型的识别准确率均为 98.75%（79/80）。相比

于未优化的 PNN 模型，基于 MRFO-PNN 和 ITMRFO-PNN 的水轮机尾水管压力脉动特征识别准确率极高，MRFO-PNN 和 ITMRFO-PNN 识别模型都能够有效地对水轮机尾水管压力脉动特征进行识别。

图 5-11 为 MRFO-PNN 和 ITMRFO-PNN 的训练样本识别错误率，从图中可以看出，纵坐标为训练样本分类错误率，横坐标为迭代次数（迭代次数为 30 次）。结合图 5-11 和表 5-8 可以得出，虽然 MRFO-PNN 和 ITMRFO-PNN 模型的训练样本（识别准确率为 100%）和测试样本（识别准确率为 98.75%）的识别准确率是一致的，但 ITMRFO-PNN 模型获得识别零错误率的迭代次数（仅迭代 7 次便达到 0 失误率）比 MRFO-PNN 模型（迭代 11 次后达到 0 失误率）更少；并且 ITMRFO-PNN 模型开始迭代时的识别错误率只有 5%，而 MRFO-PNN 模型开始迭代时的识别错误率为 6%，即 ITMRFO-PNN 模型开始迭代时的识别错误率低于 MRFO-PNN 模型。由此可得，本书提出的 ITMRFO-PNN 模型比另两种模型对混流式水轮机尾水管压力脉动特征的识别更有效。

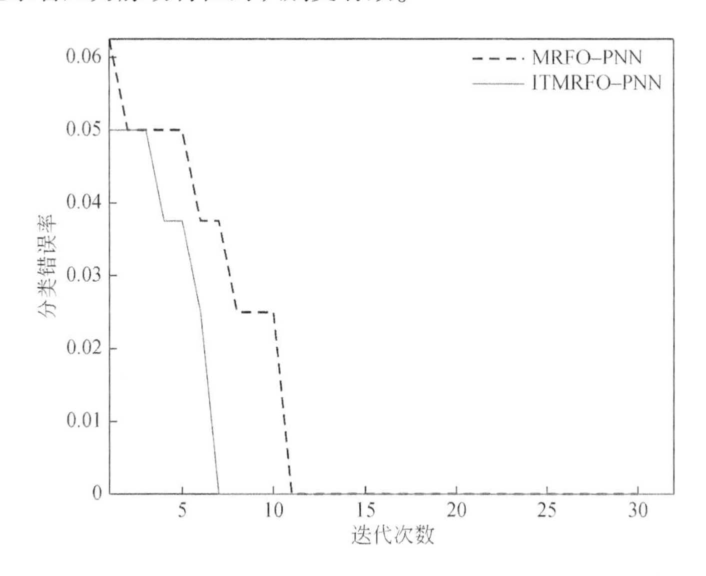

图 5-11　MRFO-PNN 和 ITMRFO-PNN 的训练样本识别错误率

该实验利用的 80 个测试样本只是这三种网络模型的部分结果展示，可以利用 ITMRFO-PNN 模型对水轮机更多工况下的压力脉动数据样本进行识别，及时对水轮机的突发状况做出判断。

5.6　小　　结

针对蝠鲼觅食优化算法易陷入局部最优这一问题，对蝠鲼觅食优化算法进行了四方面的改进：①采用精英反向学习算法优化初始种群；②选择初始化后种群的前 50% 作为新种群，以保证获得优质种群；③在链式觅食处采用自适应 t 分布代替链式因子，优化个体在链式觅食点的更新策略；④为了保证算法的稳定性，在链式搜索和螺旋搜索中删除了乘 r 的部分表达式。

针对 PNN 的分类精度受其平滑因子的影响，采用改进的蝠鲼觅食优化算法对该平滑因子进行优化，并构建 ITMRFO-PNN 识别模型，将该模型与 PNN 模型和 MRFO-PNN 模型对水轮机尾水管压力脉动特征识别的准确率和训练失误率进行对比，验证了基于 ITMRFO-PNN 模型的混流式水轮机尾水管压力脉动特征识别方法的准确性和有效性。

参考文献

把多铎，袁璞，陈帝伊，等．2012. 复杂管系水轮机调节系统非线性建模与分析．排灌机械工程学报，30（04）：428-435.

蔡卫江，蔡博宁．2021. 水轮机调速器液压随动系统精细化建模研究．水电与抽水蓄能，7（01）：33-38.

曹程杰，莫岳平．2010. 基于现代智能控制技术的水轮机自适应工况PID调速器研究．电力系统保护与控制，38（03）：81-85.

崔庆佳，周兵，吴晓建，等．2018. 融合正向建模与反求计算的车用减振器建模技术研究．湖南大学学报（自然科学版），45（02）：11-17.

桂中华，唐澍，潘罗平．2006. 混流式水轮机尾水管非定常流动模拟及不规则压力脉动预测．中国水利水电科学研究院学报，（01）：68-73.

黄鹤，李潇磊，杨澜，等．2022. 引入改进蝠鲼觅食优化算法的水下无人航行器三维路径规划．西安交通大学学报，56（07）：9-18.

姬联涛，杨波，王德顺，等．2021. 调速系统间隙特性引发的水电站过渡过程极限环振荡特性．水利水电技术（中英文），52（3）：61-69.

寇攀高，周建中，何耀耀，等．2009. 基于菌群-粒子群算法的水轮发电机组PID调速器参数优化．中国电机工程学报，29（26）：101-106.

李俊益，陈启卷．2018. 水轮机调节系统Hopf分岔分析及其PID控制．武汉大学学报（工学版），51（05）：451-458.

李楠，薛建凯，舒慧生．2022. 基于自适应 t 分布变异麻雀搜索算法的无人机航迹规划．东华大学学报（自然科学版），48（03）：69-74.

李怡心，周大庆，于安．2019. 模型水泵水轮机的尾水管旋涡空化流动分析．可再生能源，37（02）：303-309.

李永红．2013. 非线性因素在火力发电热工系统中的影响及分析探讨．科技视界，（29）：257-258.

刘伟，周亚勋，彭雷，等．2016. 基于Simulink下的水轮机调速器的仿真．重庆理工大学学报（自然科学），30（12）：90-94.

马卫，朱娴．2022. 基于莱维飞行扰动策略的麻雀搜索算法．应用科学学报，40（01）：116-130.

任海波，余波，王奎，等．2023. 不同导叶开度下混流式水轮机尾水管内部流动及压力脉动分析．人民珠江，44（05）：3-11.

散齐国，周建中，郑阳，等．2017. 抽水蓄能机组调速系统非线性预测控制方法研究．大电机技术，（01）：68-74.

孙洁琪，李亚峰，张文博，等．2022. 基于离散小波变换的双域特征融合深度卷积神经网络．计算机科学，49（S1）：434-440.

孙美凤，王玲花，邓磊，等．2008. 基于PCC的水轮机调节系统实时动态仿真研究．中国农村水利水电，（04）：123-125+129.

唐拥军，刘东，肖志怀，等．2021. 基于卷积神经网络与奇异值分解的水电机组故障诊断方法研究．中国农村水利水电，（02）：175-181.

王珏，廖溢文，韩文福，等．2021. 碳达峰背景下抽水蓄能-风电联合系统建模及有功功率控制特性研究.

水利水电技术（中英文），52（09）：172-181.
王晓东，张丹瑞．2022．基于岭回归优化算法的船舶航速与油耗预测研究．上海船舶运输科学研究所学报，45（06）：29-34.
吴金荣，郑志太，徐洪泉，等．2021．混流式水轮机大负荷压力脉动模型试验研究．水电站机电技术，44（05）：1-6.
谢萍，刘杰慧，王颖，等．2014．基于改进 RBF 神经网络的水轮发电机组故障诊断．中国农村水利水电，5：146-149.
许颜贺．2017．抽水蓄能机组调速系统参数辨识及控制优化研究．华中科技大学博士学位论文，1-100.
颜宁俊，冯陈，黄灿成．2019．水轮机调速器电液随动系统建模及其辨识方法．水电能源科学，37（11）：166-169.
杨旭红，陈阳，方剑峰，等．2022．基于改进 PSO-PID 控制器的核电站汽轮机转速控制．控制工程，29（12）：2177-2183.
于浩，高翔，刘晓．2021．抽水蓄能机组非线性模型参数辨识．现代信息科技，5（03）：162-165.
张超，贺兴时，叶亚荣．2018．基于精英策略和 Levy 飞行的粒子群算法．西安工程大学学报，32（06）：731-738.
张剑焜，李志红，李燕，等．2019．基于混合粒子群算法的水轮发电机组调速器 PID 参数优化．中国农村水利水电，（01）：180-183.
赵勇飞．2005．基于模糊神经网络的水电机组故障诊断专家系统研究．武汉大学硕士学位论文，40-85.
郑源，鞠小明，程云山．2007．水轮机．北京：中国水利水电出版社．
朱迪，肖若富，陶然，等．2016．水泵水轮机泵工况非设计工况流态与压力脉动分析．农业机械学报，47（12）：77-84.
Abualigah L, Diabat A, Mirjalili S, et al. 2021. The arithmetic optimization algorithm. Computer Methods in Applied Mechanics and Engineering, 376: 113609.
Akay B, Karaboga D. 2012. A modified artificial bee colony algorithm for real-parameter optimization. Inf. Sci., 192: 120-142.
Arora S, Singh S. 2019. Butterfly optimization algorithm: A novel approach for global optimization. Applied Soft Computing, 23 (3): 715-734.
Bateson M, Healy S D, Hurly T A. 2003. Context - dependent foraging decisions in rufous hummingbirds. Proceedings of the Royal Society of London. Series B: Biological Sciences, 270 (1521): 1271-1276.
Belegundu A D, Arora J S. 1982. A Study of Mathematical Programming Methods for Structural Optimization. Department of Civil and Environmental Engineering, University of Iowa, Iowa City, Iowa.
Beyer H G, Schwefel H P. 2002. Evolution strategies—A comprehensive introduction. Nat. Comput., 1 (1): 3-52.
Bezdek J C, Ehrlich R, Full W. 1984. FCM: The fuzzy c-means clustering algorithm. Computers & Geosciences, 10 (2): 191-203.
Castro L N D, Timmis J I. 2003. Artificial immune systems as a novel soft computing paradigm. Soft Computing, 7 (8): 526-544.
Chickermane H, Gea H C. 1996. Structural optimization using a new local approximation method. International Journal for Numerical Methods in Engineering, 39 (5): 829-846.
Coello C A C. 2000. Treating constraints as objectives for single-objective evolutionary optimization. Eng. Opt. A35, 32 (3): 275-308.
Coello C A C, Montes E M. 2002. Constraint-handling in genetic algorithms through the use of dominance-based

tournament selection. Adv. Eng. Inf. , 16: 193-203.

Coello C A C, Becerra R L. 2004. Efficient evolutionary optimization through the use of a cultural algorithm. Eng. Optim. , 36: 219-236.

Das S, Biswas A, Dasgupta S, et al. 2009. Bacterial foraging optimization algorithm: Theoretical foundations, analysis, and applications. Foundations of Computational Intelligence, 3, 23-55.

Deb K, Goyal M. 1997. Optimizing engineering designs using a combined genetic search. In: Seventh International Conference on Genetic Algorithms. Ed. I. T. Back, 512-528.

Deb K, Anand A, Joshi D. 2002. A computationally efficient evolutionary algorithm for real- parameter optimization. KanGAL Report No. 2002003, April 2002.

Dos Santos Coelho L. 2010. GaussIan quantum-behaved particle swarm optimization approaches for constrained engineering design problems. Expert Syst. Appl. , 37 (2): 1676-1683.

Falco I D, Cioppa A D, Maisto D, et al. 2012. Biological invasion - inspired migration in distributed evolutionary algorithms. Inf. Sci. , 207: 50-65.

Farash M, Attari M. 2014. An efficient and provably secure three- party password- based authenticated key exchange protocol based on Chebyshev chaotic maps. Nonlinear Dynamics, 77 (1-2): 399-411.

Favrel A, Landry C, Müller A, et al. 2014. Hydro-acoustic resonance behavior in presence of a precessing vortex rope: Observation of a lock-in phenomenon at part load Francis turbine operation. IOP Conference Series. Earth and Environmental Science, 22 (3): 32035-32043.

Friedman M. 1937. The use of ranks to avoid the assumption of normality implicit in the analysis of variance. J. Amer. Statist. Assoc. , 32 (200): 675-701.

Geem Z W, Kim J, Loganathan G V, et al. 2001. A new heuristic optimization algorithm: Harmony search. Trans. Simul. , 76 (2): 60-68.

Ghasemian H, Ghasemian F, Vahdat- Nejad H. 2020. Human urbanization algorithm: A novel metaheuristic approach. Mathematics and Computers in Simulation, 178: 1-15.

Goyal R, Cervantes M J, Gandhi B K. 2017. Vortex rope formation in a high head model francis turbine. Journal of Fluids Engineering: Transactions of the ASME, 139 (4): 41101-41102.

Guo W, Zhu D. 2021. Nonlinear modeling and operation stability of variable speed pumped storage power station. Energy Science & Engineering, 9 (10): 1703-1718.

Guojun D, Lide W, Juan S, et al. 2010. Neural network based on wavelet packet-characteristic entropy and rough set theory for fault diagnosis. 2010 2nd International Conference on Computer Engineering and Technology, 102-113.

Gupta S, Tiwari R, Nair S B. 2007. Multi- objective design optimisation of rolling bearings using genetic algorithms. Mechanism and Machine Theory, 42 (10): 1418-1443.

He Q, Wang L. 2006. An effective co- evolutionary particle swarm optimization for engineering optimization problems. Eng. Appl. Artif. Intell. , 20: 89-99.

He Q, Wang L. 2007. A hybrid particle swarm optimization with a feasibility- based rule for constrained optimization. Appl. Math. Comput. , 186: 1407-1722.

He S, Prempain E, Wu Q H. 2004. An improved particle swarm optimizer for mechanical design optimization problems. Eng. Opt. , 36 (5): 585-605.

Henderson J, Hurly T A, Bateson M, et al. 2006. Timing in free-living rufous hummingbirds, selasphorus rufus. Current Biology, 16 (5): 512-515.

Hodges J, Lehmann E L. 1962. Rank methods for combination of independent experiments in analysis of variance.

Ann. Math. Stat. , 33 (2): 482-497.

Holland J H. 1975. Adaptation in Natural and Artificial Systems. Ann Arbor, MI, USA: University of Michigan Press.

Holland J H. 1992. Genetic algorithms. Sci. Am. , 267 (1): 66-73.

Hossain M, Huda A S N, Mekhilef S, et al. 2018. A state-of-the-art review of hydropower in Malaysia as renewable energy: Current status and future prospects. Energy Strategy Rev. , 22: 426-437.

Huang F Z, Wang L, He Q. 2007. An effective co-evolutionary differential evolution for constrained optimization. Appl. Math. Comput. , 186 (1): 340-356.

Juste K A, Kita H, Tanaka E, et al. 1999. An evolutionary programming solution to the unit commitment problem. IEEE Trans. Power Syst. , 14 (4): 1452-1459.

Karaboga D, Akay B. 2009. A comparative study of artificial bee colony algorithm. Applied Mathematics and Computation, 214 (1) : 108-132.

Kaveh A , Farhoudi N. 2013. A new optimization method: Dolphin echolocation. Adv. Eng. Softw. , 59: 53-70.

Kennedy J, Eberhart R. 1995. Particle swarm optimization. Proceedings of ICNN'95 -International Conference on Neural Networks. IEEE, 1942-1948.

Kong Y, Kong Z, Liu Z, et al. 2017. Pumped storage power stations in China: The past, the present, and the future. Renewable & Sustainable Energy Reviews, 71: 720-731.

Koza J R. 1992. Genetic programming : On the Programming of Computers by Means of Natural Selection. Cambridge: MIT Press, 98-122.

Lan C, Li S, Chen H, et al. 2021. Research on running state recognition method of hydro-turbine based on FOA-PNN. Measurement: Journal of the International Measurement Confederation, 169: 108498.

Li C, Zhou J. 2011. Parameters identification of hydraulic turbine governing system using improved gravitational search algorithm. Energy Conversion and Management, 52 (1): 374-381.

Liang J J, Qu B Y, Suganthan P N. 2013. Problem definitions and evaluation criteria for the CEC 2014 special session and competition on single objective real-parameter numerical optimization. Computational Intelligence Laboratory, Zhengzhou University, Zhengzhou China and Technical Report, Nanyang Technological University, Singapore.

Liang J, Suganthan P, Deb K. 2005. Novel composition test functions for numerical global optimization. In: Proceedings of the 2005 Swarm Intelligence Symposium, SIS, 68-75.

Liu H, Cai Z, Wang Y. 2010. Hybridizing particle swarm optimization with differential evolution for constrained numerical and engineering optimization. Appl. Soft Comput. , 10: 629-640.

Liu Y, Cao B. 2020. A Novel Ant Colony optimization algorithm with Levy flight. IEEE Access, 8: 67205-67213.

Ljung L, Ieee M. 1978. Convergence analysis of parametric identification methods. IEEE Transactions on Automatic Control, 5 (23): 770-783.

Loucks D P, van Beek E, Stedinger J R, et al. 2005. Water resources systems planning and management: An introduction to methods, models and applications. UNISCO, Paris.

Luo P, Hu N, Zhang L, et al. 2020. Adaptive fisher-based deep convolutional neural network and its application to recognition of rolling element bearing fault patterns and sizes. Mathematical Problems in Engineering, 1-11.

Merheb A R, Noura H, Bateman F. 2021. Mathematical modeling of ecological systems algorithm . Lebanese Science Journal, 22 (2): 209-230.

Mezura-Montes E, Coello C A C. 2005. Useful infeasible solutions in engineering optimization with evolutionary algorithms. MICAI 2005: Lect. Notes Artif. Int. , 3789: 652-662.

Minakov A V, Platonov D V, Dekterev A A, et al. 2015. The analysis of unsteady flow structure and low frequency pressure pulsations in the high-head Francis turbines. International Journal of Heat and Fluid Flow, 53: 183-194.

Mirjalili S, Gandomi A H, Mirjalili S Z, et al. 2017. Salp swarm algorithm: A bio-inspired optimizer for engineering design problems. Adv. Eng. Softw., 114: 163-191.

Mirjalili S, Lewis A. 2016. The whale optimization algorithm. Advances in Engineering Software, 95: 51-67.

Moscato P, Mendes A, Berretta R. 2007. Benchmarking a memetic algorithm for ordering microarray data. Biosystems, 88 (1): 56-75.

Murty P S R. 2017. Chapter 24: Renewable energy sources. Electr. Power Syst., 783-800.

Ngo T T, Sadollah A, Kim J H. 2016. A cooperative particle swarm optimizer with stochastic movements for computationally expensive numerical optimization problems. J. Comput. Sci., 13: 68-82.

Pang P, Ding G. 2009. Vibration diagnosis method based on wavelet analysis and neural network for turbine-generator. Control & Decision Conference, 1-10.

Parsopoulos K E, Vrahatis M N. 2005. Unified particle swarm optimization for solving constrained engineering optimization problems. International Conference on Natural Computation.

Qi Y, You W, Shen C, et al. 2017. Hierarchical diagnosis network based on sparse deep neural networks and its application in bearing fault diagnosis. 2017 Prognostics and System Health Management Conference (PHM-Harbin), 87-99.

Rao R V, Savsani V J, Vakharia, D P. 2011. Teaching-learning-based optimization: A novel method for constrained mechanical design optimization problems. Computer-Aided Design, 43 (3): 303-315.

Rashedi E, Nezamabadi-Pour H, Saryazdi S. 2009. GSA: A gravitational search algorithm. Information Sciences, 179 (13): 2232-2248.

Ray T, Liew K M. 2003. Society and civilization: An optimization algorithm based on the simulation of social behavior. IEEE Trans. Evol. Comput., 7 (4): 386-396.

Rebecca S, Bobbie K. 2015. Skates and Rays. New York: Crabtree Pub Co.

Reddy S S, Panigrahi B K, Kundu R, et al. 2013. Energy and spinning reserve scheduling for a wind-thermal power system using CMA-ES with mean learning technique. Int J. Electr. Power Energy Syst., 53: 113-122.

Rehman S, Al-Hadhrami L, Alam M. 2015. Pumped hydro energy storage system: A technological review. Renewable and Sustainable Energy Reviews, 44: 586-598.

Reynolds R G. 1994. An introduction to cultural algorithms//Proceedings of the third annual conference on evolutionary programming. River Edge: World Scientific, 24: 131-139.

Rocca P, Oliveri G, Massa A. 2011. Differential evolution as applied to electromagnetics. IEEE Antennas Propag. Mag., 53 (1): 38-49.

Sadollah A, Bahreininejad A, Eskandar H, et al. 2013. Mine blast algorithm: A new population based algorithm for solving constrained engineering optimization problems. Appl. Soft Comput., 13 (5): 2592-2612.

Shafiei A, Saberali S M. 2015. A simple asymptotic bound on the error of the ordinary normal approximation to the student's t-distribution. Communications Letters, IEEE, 19 (08): 1295-1298.

Siddall J N. 1982. Optimal engineering design. New York: Marcel Dekker.

Skripkin S, Tsoy M, Kuibin P, et al. 2019. Swirling flow in a hydraulic turbine discharge cone at different speeds and discharge conditions. Experimental Thermal and Fluid Science, 100: 349-359.

Sonin V, Ustimenko A, Kuibin P, et al. 2016. Study of the velocity distribution influence upon the pressure pulsations in draft tube model of hydro-turbine. Iop Conference Series: Earth & Environmental Science, 21-30,

103-112.

Specht D F. 1990. Applications of probabilistic neural networks. Proceedings of SPIE - The International Society for Optical Engineering, 3 (1): 344-353.

Tanabe R, Fukunaga A. 2013. Success-history based parameter adaptation for differential evolution. Proceedings of IEEE CEC, 71-78.

Tran C, Ji B, Long X. 2019. Simulation and analysis of cavitating flow in the draft tube of the francis turbine with splitter blades at off-design condition. Tehnicki vjesnik - Technical Gazette, 26 (6): 229-239.

Uymaz S A, Tezel G, Yel E. 2015. Artificial algae algorithm (AAA) for nonlinear global optimization. Appl. Soft Comput. , 31: 153-171.

Vilar S, Santana, L, Uriarte E. 2006. Probabilistic neural network model for the in silico evaluation of anti-hiv activity and mechanism of action. Journal of Medicinal Chemistry, 49 (3): 1118-1124.

Wenyin G, Zhihua C, Dingwen L. 2014. Engineering optimization by means of an improved constrained differential evolution. Comput. Methods Appl. Mech. Eng. , 268: 884-904.

Wu S G, Bao F S, Xu E Y, et al. 2007. A leaf recognition algorithm for plant classification using probabilistic neural network. IEEE ISSPIT 2007, 35-43.

Yang J, Zhou L, Wang Z. 2016. The numerical simulation of draft tube cavitation in francis turbine at off-design conditions. Engineering Computations, 33 (1): 139-155.

Yang S, Gu X, Liu Y, et al. 2020. A general multi-objective optimized wavelet filter and its applications in fault diagnosis of wheelset bearings. Mech. Syst. Signal Process, 145: 106914.

Yang X S, Deb S. 2009. Cuckoo search via Levy flights. In: Proc. of World Congress on Nature & Biologically Inspired Computing (NaBIC 2009), December 2009, India. IEEE Publications, USA, 210-214.

Zelinka I. 2016. SOMA-self-organizing migrating algorithm//Self-Organizing Migrating Algorithm: Methodology and Implementation. Springer, Cham, 626: 3-49.

Zhao W, Wang L, Zhang Z. 2019. Atom search optimization and its application to solve a hydrogeologic parameter estimation problem. Knowledge-Based Systems, 163: 283-304.

Zhao W, Zhang Z, Wang L. 2020. Manta ray foraging optimization: An effective bio-inspired optimizer for engineering applications. Engineering Applications of Artificial Intelligence, 87 (5): 103300-103301.

Zhao W, Shi T, Wang L, et al. 2021. An adaptive hybrid atom search optimization with particle swarm optimization and its application to optimal no-load PID design of hydro-turbine governor. Journal of Computational Design and Engineering, 8 (5): 1204-1233.

附　录　A

表 A1　测试函数（1）

名称	特征	测试函数	维度	取值范围	f_{opt}
Stepint	US	$f_1(x) = 25 + \sum_{i=1}^{n}[x_i]$	5	[−5.12，5.12]	0
Step	US	$f_2(x) = \sum_{i=1}^{n}([x_i + 0.5])^2$	30	[−100，100]	0
Sphere	US	$f_3(x) = \sum_{i=1}^{n}x_i^2$	30	[−100，100]	0
SumSquares	US	$f_4(x) = \sum_{i=1}^{n}ix_i^2$	30	[−10，10]	0
Quartic	US	$f_5(x) = \sum_{i=1}^{n}ix_i^4 + \mathrm{random}[0, 1)$	30	[−1.28，1.28]	0
Beale	UN	$f_6(x)=(1.5-x_1+x_1x_2)^2+(2.25-x_1+x_1x_2^2)^2$ $+(2.625-x_1+x_1x_2^3)^2$	5	[−4.5，4.5]	0
Easom	UN	$f_7(x)=-\cos x_1\cos x_2\,e^{-(x_1-\pi)^2-(x_2-\pi)^2}$	2	[−100，100]	−1
Matyas	UN	$f_8(x)=0.26(x_1^2+x_2^2)-0.48x^1x^2$	2	[−10，10]	0
Colville	UN	$f_9(x)=100(x_1-x_2)^2+(x_1-1)^2+(x_4-1)^2+90(x_3^2-x^4)^2$ $+10.1[(x_2-1)^2+(x_4-1)^2]$	4	[−10，10]	0
Trid6	UN	$f_{10}(x) = \sum_{i=1}^{n}(x_i - 1)^2 + \sum_{i=2}^{n}x_ix_{i-1}$	6	$[-D^2, D^2]$	−50
Trid10	UN	$f_{11}(x) = \sum_{i=1}^{n}(x_i - 1)^2 + \sum_{i=2}^{n}x_ix_{i-1}$	10	$[-D^2, D^2]$	−210
Zakharov	UN	$f_{12}(x) = \sum_{i=1}^{n}x_i^2 + (\sum_{i=1}^{n}0.5ix_i)^2 + (\sum_{i=1}^{n}0.5ix_i)^4$	10	[−5，10]	0
Powell	UN	$f_{13}(x) = \sum_{i=1}^{n/k}(x_{4i-3} + 10x_{4i-2})^2 + 5(x_{4i-1} - x_{4i})^2$ $+ 5(x_{4i-2} - x_{4i-1})^4 + 10(x_{4i-1} - x_{4i})^4$	24	[−4，5]	0
Schwefel 2.22	UN	$f_{14}(x) = \sum_{i=1}^{n}\lvert x_i\rvert + \prod_{i=1}^{n}\lvert x_i\rvert$	30	[−10，10]	0
Schwefel 1.2	UN	$f_{15}(x) = \sum_{i=1}^{n}(\sum_{j=1}^{i}x_j)^2$	30	[−100，100]	0
Rosenbrock	UN	$f_{16}(x) = \sum_{i=1}^{n-1}\{[100(x_{i+1} - x_i)^2] + (x_i - 1)^2\}$	30	[−30，30]	0

续表

名称	特征	测试函数	维度	取值范围	f_{opt}
Dixon-Price	UN	$f_{17}(x) = (x_1 - 1)^2 + \sum_{i=2}^{n} i(2x_i^2 - x_{i-1})^2$	30	[−10, 10]	0
Foxholes	MS	$f_{18}(x) = \left(x_2 - \frac{5.1}{4\pi^2}x_1^2 + \frac{5}{\pi}x_1 - 6\right)^2 + 10\left(1 - \frac{1}{8\pi}\right)\cos x_1 + 10$	2	[−65.536, 65.536]	0.998
Branin	MS	$f_{19}(x) = \left(x_2 - \frac{5.1}{4\pi^2}x_1^2 + \frac{5}{\pi}x_1 - 6\right)^2 + 10\left(1 - \frac{1}{8\pi}\right)\cos x_1 + 10$	2	[−5, 10] × [0, 15]	0.398
Bohachevsky1	MS	$f_{20}(x)=x_1^2+2x_2^2-0.3\cos(3\pi x_1)-0.4\cos(4\pi x_2)+0.7$	2	[−100, 100]	0

注：U. 单模态，M. 多模态，S. 可分离函数，N. 不可分离函数。下同。

表 A2　测试函数(2)

名称	特征	测试函数	维度	取值范围	f_{opt}
Booth	MS	$f_{21}(x)=(x_1+2x_2-7)^2+(2x_1+x_2-5)^2$	2	[−10, 10]	0
Rastrigin	MS	$f_{22}(x) = -\sum_{i=1}^{n}[x_i\sin(\sqrt{\lvert x_i \rvert})]$	30	[−5.12, 5.12]	0
Schwefel	MS	$f_{23}(x) = -\sum_{i=1}^{n}[x_i\sin(\sqrt{\lvert x_i \rvert})]$	30	[−500, 500]	−12569.5
Michalewicz2	MS	$f_{24}(x) = -\sum_{i=1}^{n}\sin(x_i)[\sin(ix_i^2/\pi)]^{20}$	2	[0, π]	−1.8013
Michalewicz5	MS	$f_{25}(x) = -\sum_{i=1}^{n}\sin(x_i)[\sin(ix_i^2/\pi)]^{20}$	5	[0, π]	−4.6877
Michalewicz10	MS	$f_{26}(x) = -\sum_{i=1}^{n}\sin(x_i)[\sin(ix_i^2/\pi)]^{20}$	10	[0, π]	−9.6602
Schaffer	MN	$f_{27}(x) = 0.5 + \frac{\sin^2(\sqrt{x_1^2 + x_2^2}) - 0.5}{[1 + 0.001(x_1^2 + x_2^2)]^2}$	2	[−100, 100]	0
Six Hump Camel Back	MN	$f_{28}(x)=4x_1^2-2.1x_1^4+\frac{1}{3}x_1^6+x_1x_2-4x_2^2+4x_2^4$	2	[−5, 5]	−1.03163
Bohachevsky2	MN	$f_{29}(x)=x_1^2+2x_2^2-0.3\cos(3\pi x_1)(4\pi x_3)$	2	[−100, 100]	0
Bohachevsky3	MN	$f_{30}(x)=x_1^2+2x_2^2-0.3\cos(3\pi x_1+4\pi x_3)$	2	[−100, 100]	0
Shubert	MN	$f_{31}(x) = \{\sum_{i=1}^{5} i\cos[(i+1)x_1 + i]\}\{\sum_{i=1}^{5} i\cos[(i+1)x_2 + i]\}$	2	[−10, 10]	−186.73
GoldStein-Price	MN	$f_{32}(x)=[1+(x_1+x_2+1)^2(19-14x_1+3x_1^2-14x_2+6x_1x_2+3x_2^2)]\times[30+(2x_1+1-3x_2)^2(18-32x_1+12x_1^2+48x_2-36x_1x_2+27x_2^2)]$	2	[−2, 2]	3
Kowalik	MN	$f_{33}(x) = \sum_{i=1}^{11}\left\lvert a_i - \frac{x_1(b_i^2 + b_ix_2)}{b_i^2 + b_ix_3 + x_4}\right\rvert^2$	4	[−5, 5]	0.00031

续表

名称	特征	测试函数	维度	取值范围	f_{opt}
Shekel5	MN	$f_{34}(x) = -\sum_{i=1}^{5} \lvert (x_i - a_i)(x_i - a_i)^T + c_i \rvert^{-1}$	4	[0, 10]	-10.1532
Shekel7	MN	$f_{35}(x) = -\sum_{i=1}^{7} \lvert (x_i - a_i)(x_i - a_i)^T + c_i \rvert^{-1}$	4	[0, 10]	-10.4028
Shekel10	MN	$f_{36}(x) = -\sum_{i=1}^{10} \lvert (x_i - a_i)(x_i - a_i)^T + c_i \rvert^{-1}$	4	[0, 10]	-10.5363
Perm	MN	$f_{37}(x) = \sum_{k=1}^{n} \{\sum_{i=1}^{n} (i^k + \beta)[(x_i/i)^k - 1]\}^2$	4	[-D, D]	0
PowerSum	MN	$f_{38}(x) = \sum_{k=1}^{n} [(\sum_{i=1}^{n} x_i^k) - b_k]^2$	4	[0, D]	0
Hartman3	MN	$f_{39}(x) = -\sum_{i=1}^{4} \exp\left[-\sum_{j=1}^{3} a_{ij}(x_j - p_{ij})^2\right]$	3	[0, 1]	-3.86
Hartman6	MN	$f_{40}(x) = -\sum_{i=1}^{4} \exp\left[-\sum_{j=1}^{6} a_{ij}(x_j - p_{ij})^2\right]$	6	[0, 1]	-3.32

表 A3　测试函数(3)

名称	特征	基准函数	维度	取值范围	f_{opt}
Griewank	MN	$f_{41}(x) = \frac{1}{4000}\sum_{i=1}^{n} (x_i - 100)^2 - \prod_{i=1}^{n} \cos\left(\frac{x_i - 100}{\sqrt{i}}\right) + 1$	30	[-600, 600]	0
Ackley	MN	$f_{42}(x) = -20\exp\left(-0.2\sqrt{\frac{1}{n}\sum_{i=1}^{n} x_i^2}\right) - \exp\left(\frac{1}{n}\sum_{i=1}^{n} \cos 2\pi x_i\right) + 20 + e$	30	[-32, 32]	0
Penalized	MN	$f_{43}(x) = \frac{\pi}{n}\{10\sin^2(\pi y_1) + \sum_{i=1}^{n-1} (y_i - 1)^2[1 + 10\sin^2(\pi y_i + 1)] + (y_n - 1)^2\} + \sum_{i=1}^{30} u(x_i, 10, 100, 4)$	30	[-50, 50]	0
Penalized2	MN	$f_{44}(x) = 0.1\{\sin^2(3\pi x_1) + \sum_{i=1}^{29} (x_i - 1)^2 p[1 + \sin^2(3\pi x_{i+1})] + (x_n - 1)^2[1 + \sin^2(2\pi x_{30})]\} + \sum_{i=1}^{30} u(x_i, 5, 10, 4)$	30	[-50, 50]	0
Langerman2	MN	$f_{45}(x) = -c_i\left\{\exp\left[-\frac{1}{\pi}\sum_{j=1}^{n} (x_j - a_{ij})^2\right]\cos\left[\pi\sum_{j=1}^{n} (x_j - a_{ij})^2\right]\right\}$	2	[0, 10]	1.08
Langerman5	MN	$f_{46}(x) = -c_i\left\{\exp\left[-\frac{1}{\pi}\sum_{j=1}^{n} (x_j - a_{ij})^2\right]\cos\left[\pi\sum_{j=1}^{n} (x_j - a_{ij})^2\right]\right\}$	5	[0, 10]	1.5
Langerman10	MN	$f_{47}(x) = -c_i\left\{\exp\left[-\frac{1}{\pi}\sum_{j=1}^{n} (x_j - a_{ij})^2\right]\cos\left[\pi\sum_{j=1}^{n} (x_j - a_{ij})^2\right]\right\}$	10	[0, 10]	—

续表

名称	特征	基准函数	维度	取值范围	f_{opt}
FletcherPowell2	MN	$f_{48}(x)=\sum_{i=1}^{n}(A_i-B_i)^2$ $A_i=\sum_{j=1}^{n}(a_{ij}\sin\alpha_j+b_{ij}\cos\alpha_j)$ $B_i=\sum_{j=1}^{n}(a_{ij}\sin x_j+b_{ij}\cos x_j)$	2	$[-\pi,\ \pi]$	0
FletcherPowell5	MN	$f_{49}(x)=\sum_{i=1}^{n}(A_i-B_i)^2$ $A_i=\sum_{j=1}^{n}(a_{ij}\sin\alpha_j+b_{ij}\cos\alpha_j)$ $B_i=\sum_{j=1}^{n}(a_{ij}\sin x_j+b_{ij}\cos x_j)$	5	$[-\pi,\ \pi]$	0
FletcherPowell10	MN	$f_{50}(x)=\sum_{i=1}^{n}(A_i-B_i)^2$ $A_i=\sum_{j=1}^{n}(a_{ij}\sin\alpha_j+b_{ij}\cos\alpha_j)$ $B_i=\sum_{j=1}^{n}(a_{ij}\sin x_j+b_{ij}\cos x_j)$	10	$[-\pi,\ \pi]$	0

附　录　B

表 B1　单峰测试函数

名称	函数	维度	取值范围	f_{opt}
Sphere	$f_1(x) = \sum_{i=1}^{n} x_i^2$	30	[-100, 100]	0
Schwefel 2.22	$f_2(x) = \sum_{i=1}^{n} \lvert x_i \rvert + \prod_{i=1}^{n} \lvert x_i \rvert$	30	[-10, 10]	0
Schwefel 1.2	$f_3(x) = \sum_{i=1}^{n} (\sum_{j=1}^{i} x_j)^2$	30	[-100, 100]	0
Schwefel 2.21	$f_4(x) = \max_i \{ \lvert x_i \rvert, \quad 1 \leqslant i \leqslant n\}$	30	[-100, 100]	0
Rosenbrock	$f_5(x) = \sum_{i=1}^{n-1} [100 (x_{i+1} - x_i)^2 + (x_i - 1)^2]$	30	[-30, 30]	0
Step	$f_6(x) = \sum_{i=1}^{n} (x_i + 0.5)^2$	30	[-100, 100]	0
Quartic	$f_7(x) = \sum_{i=1}^{n} i x_i^4 + \mathrm{random}[0, 1)$	30	[-1.28, 1.28]	0

表 B2　多峰测试函数

名称	函数	维度	取值范围	f_{opt}
Schwefel	$f_8(x) = -\sum_{i=1}^{n} [x_i \sin(\sqrt{\lvert x_i \rvert})]$	30	[-500, 500]	-12569.5
Rastrigin	$f_9(x) = \sum_{i=1}^{n} [x_i^2 - 10\cos(2\pi x_i) + 10]^2$	30	[-5.12, 5.12]	0
Ackley	$f_{10}(x) = -20\exp\left(-0.2\sqrt{\frac{1}{n}\sum_{i=1}^{n} x_i^2}\right) - \exp\left(\frac{1}{n}\sum_{i=1}^{n}\cos 2\pi x_i\right) + 20 + e$	30	[-32, 32]	0
Griewank	$f_{11}(x) = \frac{1}{4000}\sum_{i=1}^{n} (x_i - 100)^2 - \prod_{i=1}^{n}\cos\left(\frac{x_i - 100}{\sqrt{i}}\right) + 1$	30	[-600, 600]	0
Penalized	$f_{12}(x) = \frac{\pi}{n}\{10\sin^2(\pi y_1) + \sum_{i=1}^{n-1} (y_i - 1)^2[1 + 10\sin^2(\pi y_i + 1)] + (y_n - 1)^2\} + \sum_{i=1}^{30} u(x_i, 10, 100, 4)$	30	[-50, 50]	0

续表

名称	函数	维度	取值范围	f_{opt}
Penalized2	$f_{13}(x) = 0.1\{\sin^2(3\pi x_1) + \sum_{i=1}^{29}(x_i - 1)^2 p[1 + \sin^2(3\pi x_{i+1})] + (x_n - 1)^2[1 + \sin^2(2\pi x_{30})]\} + \sum_{i=1}^{30} u(x_i, 5, 10, 4)$	30	[-50, 50]	0

表 B3　固定维多模态测试函数

名称	函数	维度	取值范围	f_{opt}
Foxholes	$f_{14}(x) = \left[\frac{1}{500} + \sum_{i=1}^{25}\frac{1}{j + \sum_{j=1}^{2}(x_i - a_{ij})^6}\right]^{-1}$	2	[-65.536, 65.536]	0.998
Kowalik	$f_{15}(x) = \sum_{i=1}^{11}\left\vert a_i - \frac{x_1(b_i^2 + b_i x_2)}{b_i^2 + b_i x_3 + x_4}\right\vert^2$	4	[-5, 5]	3.075×10^{-4}
Six Hump Camel	$f_{16}(x) = 4x_1^2 - 2.1x_1^4 + \frac{1}{3}x_1^6 + x_1 x_2 - 4x_2^2 + 4x_2^4$	2	[-5, 5]	-1.0316
Branin	$f_{17}(x) = \left(x_2 - \frac{5.1}{4\pi^2}x_1^2 + \frac{5}{\pi}x_1 - 6\right)^2 + 10\left(1 - \frac{1}{8\pi}\right)\cos x_1 + 10$	2	[-5, 10]×[0, 15]	0.398
GoldStein-Price	$f_{18}(x) = [1 + (x_1 + x_2 + 1)^2(19 - 14x_1 + 3x_1^2 - 14x_2 + 6x_1 x_2 + 3x_2^2)] \times [30 + (2x_1 + 1 - 3x_2)^2(18 - 32x_1 + 12x_1^2 + 48x_2 - 36x_1 x_2 + 27x_2^2)]$	2	[-2, 2]	3
Hartman 3	$f_{19}(x) = -\sum_{i=1}^{4}\exp\left[-\sum_{j=1}^{3}a_{ij}(x_j - p_{ij})^2\right]$	3	[0, 1]	-3.86
Hartman 6	$f_{20}(x) = -\sum_{i=1}^{4}\exp\left[-\sum_{j=1}^{6}a_{ij}(x_j - p_{ij})^2\right]$	6	[0, 1]	-3.322
Shekel 5	$f_{21}(x) = -\sum_{i=1}^{5}\vert(x_i - a_i)(x_i - a_i)^T + c_i\vert^{-1}$	4	[0, 10]	-10.1532
Shekel 7	$f_{22}(x) = -\sum_{i=1}^{7}\vert(x_i - a_i)(x_i - a_i)^T + c_i\vert^{-1}$	4	[0, 10]	-10.4028
Shekel 10	$f_{23}(x) = -\sum_{i=1}^{10}\vert(x_i - a_i)(x_i - a_i)^T + c_i\vert^{-1}$	4	[0, 10]	-10.5363

附　录　C

表 C1　组合测试函数

名称	函数	维度	取值范围	f_{opt}
CF1	f_1, f_2, f_3, …, f_{10} = Sphere Function $[\sigma_1, \sigma_2, \sigma_3, \cdots, \sigma_{10}]=[1, 1, 1, \cdots, 1]$ $[\lambda_1, \lambda_2, \lambda_3, \cdots, \lambda_{10}]=[5/100, 5/100, 5/100, \cdots, 5/100]$	10	[−5, 5]	0
CF2	f_1, f_2, f_3, …, f_{10} = Griewank's Function $[\sigma_1, \sigma_2, \sigma_3, \cdots, \sigma_{10}]=[1, 1, 1, \cdots, 1]$ $[\lambda_1, \lambda_2, \lambda_3, \cdots, \lambda_{10}]=[5/100, 5/100, 5/100, \cdots, 5/100]$	10	[−5, 5]	0
CF3	f_1, f_2, f_3, …, f_{10} = Griewank's Function $[\sigma_1, \sigma_2, \sigma_3, \cdots, \sigma_{10}]=[1, 1, 1, \cdots, 1]$ $[\lambda_1, \lambda_2, \lambda_3, \cdots, \lambda_{10}]=[1, 1, 1, \cdots, 1]$	10	[−5, 5]	0
CF4	f_1, f_2 = Ackley's Function f_3, f_4 = Rastrigin's Function f_5, f_6 = Weierstrass Function f_7, f_8 = Griewank's Function f_9, f_{10} = Sphere Function $[\sigma_1, \sigma_2, \sigma_3, \cdots, \sigma_{10}]=[1, 1, 1, \cdots, 1]$ $[\lambda_1, \lambda_2, \lambda_3, \cdots, \lambda_{10}]=$ [5/32, 5/32, 1, 1, 5/0.5, 5/0.5, 5/100, 5/100, 5/100, 5/100]	10	[−5, 5]	0
CF5	f_1, f_2 = Rastrigin's Function f_3, f_4 = Weierstrass Function f_5, f_6 = Griewank's Function f_7, f_8 = Ackley's Function f_9, f_{10} = Sphere Function $[\sigma_1, \sigma_2, \sigma_3, \cdots, \sigma_{10}]=[1, 1, 1, \cdots, 1]$ $[\lambda_1, \lambda_2, \lambda_3, \cdots, \lambda_{10}]=$ [1/5, 1/5, 5/0.5, 5/0.5, 5/100, 5/100, 5/32, 5/32, 5/100, 5/100]	10	[−5, 5]	0

续表

名称	函数	维度	取值范围	f_{opt}
CF6	f_1, f_2 =Rastrigin's Function f_3, f_4 =Weierstrass Function f_5, f_6 =Griewank's Function f_7, f_8 =Ackley's Function f_9, f_{10} =Sphere Function $[\sigma_1, \sigma_2, \sigma_3, \cdots, \sigma_{10}]$ = [0.1, 0.2, 0.3, 0.4, 0.5, 0.6, 0.7, 0.8, 0.9, 1] $[\lambda_1, \lambda_2, \lambda_3, \cdots, \lambda_{10}]$ = [0.1×1/5, 0.2×1/5, 0.3×5/0.5, 0.4×5/0.5, 0.5×5/100, 0.6×5/100, 0.7×5/32, 0.8×5/32, 0.9×5/100, 5/100]	10	[-5, 5]	0

附　录　D

表 D1　单峰测试函数

名称	函数	D	取值范围	f_{opt}
Sphere	$f_1(x) = \sum_{i=1}^{n} x_i^2$	30	$[-100, 100]^n$	0
Schwefel 2.22	$f_2(x) = \sum_{i=1}^{n} \lvert x_i \rvert + \prod_{i=1}^{n} \lvert x_i \rvert$	30	$[-10, 10]^n$	0
Schwefel 1.2	$f_3(x) = \sum_{i=1}^{n} (\sum_{j=1}^{i} x_j)^2$	30	$[-100, 100]^n$	0
Schwefel 2.21	$f_4(x) = \max_i\{\lvert x_i \rvert, 1 \leqslant i \leqslant n\}$	30	$[-100, 100]^n$	0
Rosenbrock	$f_5(x) = \sum_{i=1}^{n-1} [100(x_{i+1} - x_i)^2 + (x_i - 1)^2]$	30	$[-30, 30]^n$	0
Step	$f_6(x) = \sum_{i=1}^{n} (x_i + 0.5)^2$	30	$[-100, 100]^n$	0
Quartic	$f_7(x) = \sum_{i=1}^{n} i x_i^4 + \mathrm{random}[0, 1)$	30	$[-1.28, 1.28]^n$	0

表 D2　多峰测试函数

名称	函数	D	取值范围	f_{opt}
Schwefel	$f_8(x) = -\sum_{i=1}^{n} \left[x_i \sin(\sqrt{\lvert x_i \rvert}) \right]$	30	$[-500, 500]^n$	-12569.5
Rastrigin	$f_9(x) = \sum_{i=1}^{n} [x_i^2 - 10\cos(2\pi x_i) + 10]^2$	30	$[-5.12, 5.12]^n$	0
Ackley	$f_{10}(x) = -20\exp\left(-0.2\sqrt{\frac{1}{n}\sum_{i=1}^{n} x_i^2}\right) - \exp\left(\frac{1}{n}\sum_{i=1}^{n} \cos 2\pi x_i\right) + 20 + e$	30	$[-32, 32]^n$	0
Griewank	$f_{11}(x) = \frac{1}{4000}\sum_{i=1}^{n} (x_i - 100)^2 - \prod_{i=1}^{n} \cos\left(\frac{x_i - 100}{\sqrt{i}}\right) + 1$	30	$[-600, 600]^n$	0
Penalized	$f_{12}(x) = \frac{\pi}{n}\{10\sin^2(\pi y_1) + \sum_{i=1}^{n-1} (y_i - 1)^2[1 + 10\sin^2(\pi y_i + 1)] + (y_n - 1)^2\} + \sum_{i=1}^{30} u(x_i, 10, 100, 4)$	30	$[-50, 50]^n$	0

续表

名称	函数	D	取值范围	f_{opt}
Penalized2	$f_{13}(x)=0.1\{\sin^2(3\pi x_1)+\sum_{i=1}^{29}(x_i-1)^2 p[1+\sin^2(3\pi x_{i+1})]$ $+(x_n-1)^2[1+\sin^2(2\pi x_{30})]\}+\sum_{i=1}^{30}u(x_i,5,10,4)$	30	$[-50, 50]^n$	0

表 D3　低维多峰测试函数

名称	函数	D	取值范围	f_{opt}
Foxholes	$f_{14}(x)=\left[\frac{1}{500}+\sum_{j=1}^{25}\frac{1}{j+\sum_{j=1}^{2}(x_i-a_{ij})^6}\right]^{-1}$	2	$[-65.536, 65.536]^n$	0.998
Kowalik	$f_{15}(x)=\sum_{i=1}^{11}\left\|a_i-\frac{x_1(b_i^2+b_i x_2)}{b_i^2+b_i x_3+x_4}\right\|^2$	4	$[-5, 5]^n$	3.075×10^{-4}
Six Hump Camel	$f_{16}(x)=4x_1^2-2.1x_1^4+\frac{1}{3}x_1^6+x_1x_2-4x_2^2+4x_2^4$	2	$[-5, 5]^n$	−1.0316
Branin	$f_{17}(x)=\left(x_2-\frac{5.1}{4\pi^2}x_1^2+\frac{5}{\pi}x_1-6\right)^2+10\left(1-\frac{1}{8\pi}\right)\cos x_1+10$	2	$[-5, 10]\times[0, 15]$	0.398
GoldStein-Price	$f_{18}(x)=[1+(x_1+x_2+1)^2(19-14x_1+3x_1^2-14x_2+6x_1x_2$ $+3x_2^2)]\times[30+(2x_1+1-3x_2)^2(18-32x_1+12x_1^2$ $+48x_2-36x_1x_2+27x_2^2)]$	2	$[-2, 2]^n$	3
Hartman 3	$f_{19}(x)=-\sum_{i=1}^{4}\exp\left[-\sum_{j=1}^{3}a_{ij}(x_j-p_{ij})^2\right]$	3	$[0, 1]^n$	−3.86
Hartman 6	$f_{20}(x)=-\sum_{i=1}^{4}\exp\left[-\sum_{j=1}^{6}a_{ij}(x_j-p_{ij})^2\right]$	6	$[0, 1]^n$	−3.322
Shekel 5	$f_{21}(x)=-\sum_{i=1}^{5}\|(x_i-a_i)(x_i-a_i)^T+c_i\|^{-1}$	4	$[0, 10]^n$	−10.1532
Shekel 7	$f_{22}(x)=-\sum_{i=1}^{7}\|(x_i-a_i)(x_i-a_i)^T+c_i\|^{-1}$	4	$[0, 10]^n$	−10.4028
Shekel 10	$f_{23}(x)=-\sum_{i=1}^{10}\|(x_i-a_i)(x_i-a_i)^T+c_i\|^{-1}$	4	$[0, 10]^n$	−10.5363

表 D4　组合测试函数

函数	名称	D	取值范围	f_{opt}
$f_{24}(x)$	Composition Function 1($N=5$)	30	$[-100, 100]^n$	2300
$f_{25}(x)$	Composition Function 2($N=3$)	30	$[-100, 100]^n$	2400
$f_{26}(x)$	Composition Function 3($N=3$)	30	$[-100, 100]^n$	2500
$f_{27}(x)$	Composition Function 4($N=5$)	30	$[-100, 100]^n$	2600

续表

函数	名称	D	取值范围	f_{opt}
$f_{28}(x)$	Composition Function 5 ($N=5$)	30	$[-100, 100]^n$	2700
$f_{29}(x)$	Composition Function 6 ($N=5$)	30	$[-100, 100]^n$	2800
$f_{30}(x)$	Composition Function 7 ($N=3$)	30	$[-100, 100]^n$	2900
$f_{31}(x)$	Composition Function 8 ($N=3$)	30	$[-100, 100]^n$	3000